U0167845

启真馆 出品

启真·闲读馆

Life in the Treetops
Adventures of a Woman in Field Biology

在树上

田野女生物学家的树冠探险

[美] 玛格丽特·罗曼 著
林忆珊 译

ZHEJIANG UNIVERSITY PRESS
浙江大学出版社

献给埃迪和詹姆斯——我的孩子，也是我的田野助手，他们帮助我保持对自然的好奇心。

献给迈克尔，他教会我在科学与精神之间搭建桥梁。

我用单索技术完成了澳大利亚雨林树冠层的树叶生长以及虫害的博士论文研究。这项技术花费较低，也较容易操作，所以研究生都很喜欢以这种方式进入树冠层。使用这项技术攀爬时需用到绳子、专业设备，还要有好眼力，这样才可以用弹弓瞄准看好的树枝，抛出绳索来固定住。（罗伯特·普罗克诺 摄）

在珊瑚礁岛上调查植物。身为一位必须爬大树的树冠学家，我很享受在低地研究树冠（其实低地也没什么树冠）的日子。低地的实验相对简单，数据收集的方式也不一样。在岛上架设样带、记录植被和相关食草动物的繁殖情形时，黑面鲣鸟会在旁边陪我。（戴维·罗曼 摄）

在森林地表“匍匐前进”，就是要沿着地面爬行，标记、测量每个种苗。这些山榄属的植物，根据我们1998年的普查，已经存在超过30年了。如此缓慢的成长速度，让我们对雨林中树木生长和再生的认识大大改观。（约瑟夫·康奈尔 摄）

我在威廉姆斯学院做生物学教授的时候，在那里建造了北美第一条树冠步道。学生们利用这种新型树冠探索工具进行了最初的研究，一些人还发表了他们的研究成果。（保罗·克莱蒙特 摄）

我忙着记录种苗时，我弟弟爱德华背着他的外甥埃迪探索雨林里的美景。（贝丝·韦瑟比 摄）

由法国研究人员设计的树冠筏，大概是现存最富创意、色彩最鲜艳的树冠层探索工具。我在喀麦隆利用这个热气球以及滑橇（吊在热气球下方）研究树冠层最顶端的食植行为。（玛格丽特·罗曼 摄）

在喀麦隆某片森林的上方，我躺在系在热气球上的树冠网状实验平台上。（布鲁斯·林克 摄）

树冠起重机可能是最新也是最贵的树冠探索工具。使用者可以接触到起重机吊臂圆周范围内的每一片叶子。我在巴拿马的热带干燥林利用这个方法调查昆虫利用藤蔓爬行的可能路线。现在全世界都有利用工程起重机的研究地点，包括图片中委内瑞拉的这个地方。（玛格丽特·罗曼 摄）

我的儿子埃迪（左）和詹姆斯（右），准备生平第一次爬树。他们用圣诞节刚收到的安全吊带，为完成学校有关研究树冠生物多样性的科学专题而在收集昆虫。虽然创意十足，不过最后都没得奖。（克里斯托福·奈特 摄）

树冠步道可以让人安全而长时间地探索许多树冠。照片里我的孩子站在杰森教育计划在伯利兹打造的树冠步道上，示范步道的便利性。（爱德华·罗曼 摄）

我很荣幸向爱丁堡公爵介绍我们在伯利兹树冠层盖的“树屋”，这是他第一次见到这种树屋。（奈特·欧文 摄）

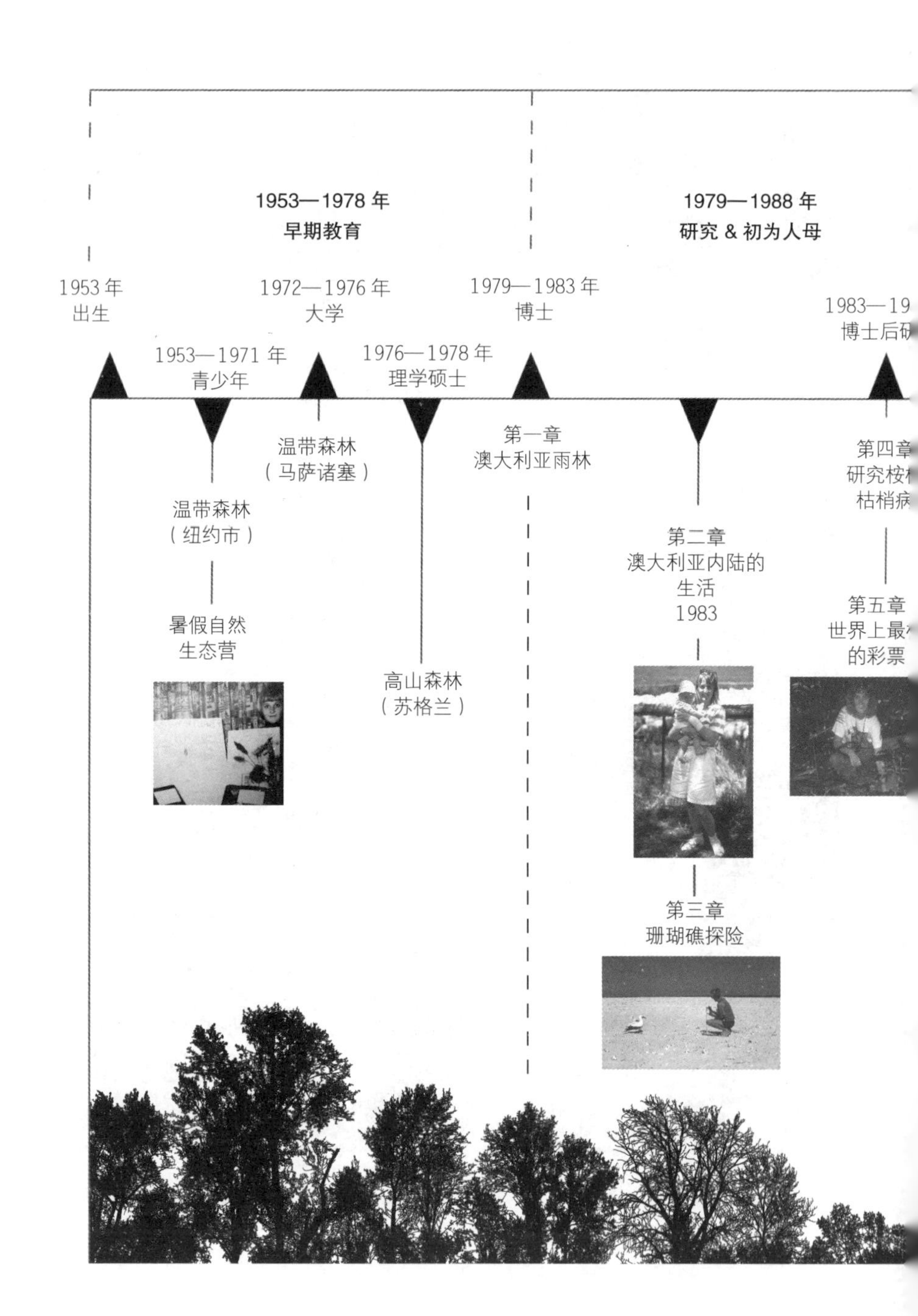

1953—1978 年
早期教育
1979—1988 年
研究 & 初为人母
1953 年
出生
1953—1971 年
青少年
1972—1976 年
大学
1976—1978 年
理学硕士
1979—1983 年
博士
1983—19
博士后
温带森林
（纽约市）
暑假自然
生态营
温带森林
（马萨诸塞）
高山森林
（苏格兰）
第一章
澳大利亚雨林
第二章
澳大利亚内陆的
生活
1983
第三章
珊瑚礁探险
研究桉
枯梢
第五章
世界上最
的彩票

1989 年至今
科学家 & 母亲

1989—1991 年
于威廉姆斯学院任教

第六章
通往天堂的高速公路

1991 年
乘热气球游非洲

第七章
乘热气球飞上世界屋顶

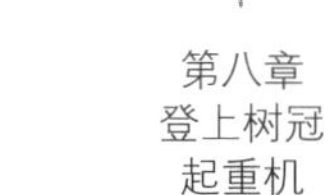

1992 年—2003 年
塞尔比植物园研究员

第八章
登上树冠起重机

第九章
伯利兹的树屋

巴罗科罗拉多岛

第十章
在巴拿马用双筒望远镜看

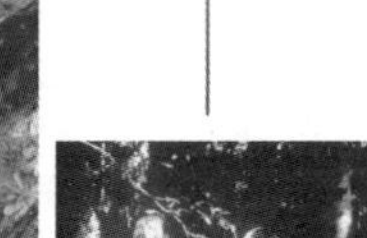

单位换算

1 英里 = 5280 英尺 = 63360 英寸 = 1609.344 米

1 英亩 = 4046.856 平方米

1 加仑（美）= 3.785 升

1 磅 = 453.592 克

作者中文版序言

去爬树欣赏风景

能够为简体中文版《在树上》写一篇新的序言，我深感荣幸。目前中国森林树冠研究与保护的机遇前所未有地令人感到兴奋与紧迫。当世界森林面积因火灾、砍伐、城市扩张和气候变化而持续缩减时，中国的树木便成了全球重要的森林资源。我们需要新一代富有创新精神和智慧的中国青年来解决当今世界最紧迫的森林生物学问题，因此我希望这本书能激励更多的读者成为 arbornauts[1]（树顶研究中的专业术语）中的一员。如果有一天能站在云南的树冠上或是北京雄心勃勃的城市植树活动上面见我的读者，我将倍感荣幸。机遇俯首皆是，中国的树冠层无疑具有惊人的生物多样性，这将激发田野生物学家的新思路，推进自然资源保护。

我所从事的并非是传统的朝九晚五的职业：我是世界上

[1] arbor- + naut，可意译为树冠巡航员。

最早的 arbornauts 之一。我的孩子有着非凡的耐心和灵活性，尽管他们的母亲步伐疯狂，户外活动时间安排得满满当当，但也不妨碍他们在家中找到安全感。我相信，作为一个家庭，我们之间无私的爱给予了彼此安全感，同时还有冒险精神。我有幸能与我的孩子们分享我的工作场所——他们在很小的时候就有了属于自己的安全带和头盔，而且很快就学会了爬树，并且比他们的妈妈爬得还要好！我们曾在亚马孙丛林、澳大利亚的丛林以及其他丛林中生活过，在那里两个男孩儿都非常擅长发现树冠层中的昆虫。如今，他们都从事着环境科学方面的工作，也许正是早期对雨林的探索激发了他们投身科学事业的决心。

我在同为母亲和科学家的双重角色中遇到了许多困难。我也了解到田野生物学所带来的身体伤害远没有情感问题那么具有挑战性。幸运的是，我从没有被椰子砸晕，也没有被澳大利亚棕蛇咬伤过。但我确实像世界各地的父母一样，面临着为人父母的重要挑战——要把爱和分享的价值观灌输给我的后代。兼顾工作和家庭，保持对生活的热情，以及对周遭自然的好奇心，是一件很微妙的事情。如今，越来越多的家庭选择和他们的孩子们一起到户外去接触大自然。最近新型冠状病毒的大流行迫使许多室内活动场所都关闭了，这进一步加强了将大自然母亲作为家庭娱乐场所的重要性。

我一生致力于森林保护，在写这本书的时候，我谦卑地希望给我的孩子和孩子的后代们留下一个更好的世界。我相信我们所有人都会以此作为一个重要的目标，并希望你们能和我一起优先考虑你们自己社区树木的健康。更棒的是，去爬树欣赏风景！

玛格丽特·罗曼（Margaret Lowman）
2021 年 3 月 3 日

英文版推荐序

从深海到树冠，永远守护地球

我们所居住的地球和其他较小、多石砾的姊妹行星——金星、火星、水星比起来，是相当独特的。不同于其他星球，地球上可是有着丰富多样的生命。

过去30年来，我不断探索我们的星球，发掘各种奇景，探险的足迹遍布一望无际的沙漠、白雪覆盖的山峰、葱茏茂盛的森林及幅员辽阔的大草原。由于地球表面有三分之二以上的面积被海水覆盖，因此大多数时间我都是在海里，发掘隐藏在地表之下的美丽。我利用深海潜水艇沿着绵延的海底山脉潜行，研究海底火山，以及占去地球表面生物量将近四分之一的海底生物。我在这些海底山脉中，发现了奇异的海洋生物，这些生物活在黑暗之中，完全不需要依靠太阳就能生存，而是以一种叫作“化学合成”的方式，利用地球内部的能量来延续生命。

虽然我觉得探索深海非常迷人，能让我更深入地了解地球，但渐渐地我也体会到了一个重要的道理，就和航天员飞往月球背面时所领悟到的一样——不论这个宇宙有多大，地球始终是我们生命中的宇宙飞船。人类在地球上诞生，未来世世代代的子孙也会在这里继续繁衍。

我明白在地球上，陆地将会是我们永远的家，我们或许可以冒险、尽情探索深海里的生命，但我们总是要回到岸上，呼吸新鲜空气，徜徉在温暖的阳光里，享用大自然给予的美味佳肴。

1994 年，我遇到一个难得的机会，终于可以离开小小的潜艇几个月，前往中美洲小国伯利兹，在热带雨林的树冠层中生活。这个独特美好的体验，由玛格丽特·罗曼担任我的私人向导。她是位杰出的树冠生物学家，致力于进一步了解热带雨林在全球息息相关的生态系统中所扮演的角色。

我们之所以会一起合作，并在离雨林地面 100 英尺以上的高空邂逅，全都是因为“杰森计划”，这个田野研究的计划，每年都会利用最新的通信科技，让全世界超过 50 万名学生以及 12000 名教师，同时参与这个“实时转播”的探险之旅。整整两个星期，我看着玛格丽特和参与的师生分享她的知识以及热忱，其中有好几位学生跟教师都实际踏上了树冠平台。在好几小时的旅程里，从微小的食草动物，到雨林中最高大的树群，玛格丽特带领大家探索生命的奥秘。通过她的解说，学生了解自己应该作为地球的守护者，并体认到了我们人类所背负的重大责任——保存地球之肺，保存人类的命脉。

那一天，当我们离开伯利兹美丽的森林，最后一次从那个几乎已成为“家”的小小树冠平台上垂降到地面时，我深深体会到自己遇见的是一位优秀的科学家、年轻女性的最佳榜样、一个仁慈的人，以及一位新朋友。

康涅狄格州米斯蒂克探索研究中心总裁
泰坦尼克号残骸发现者
罗伯特·巴拉德（Robert D. Ballard）

作者英文版序

生命真美好

我的工作很不寻常，我爬树，朝九晚五也不是我一天的作息。我的孩子们很有耐心、适应能力很强，练就了一身在妈妈的疯狂步调中保持冷静的本领，但即便如此，他们依旧是在一个充满爱与呵护的环境里长大的。我时常在森林与家之间奔波往返，也常把家里弄得人仰马翻：在离家的前一刻，我得打包预防疟疾的药物和蚊帐；返家之后，还得和时差以及攻陷我免疫系统的寄生虫对抗。

我做田野调查时，多亏我的父母以及一群支持我的朋友，帮我把整个家维持得井井有条，使其顺利运转。我也很幸运，从来没有被树上掉下来的椰子打得失去意识，也没有被澳大利亚的眼镜蛇咬过，更不曾从大树上摔下来（矮的倒是摔过）。

尽管如此，在这趟努力学习如何身兼科学家和母亲角色的旅程中，我还是遭遇了许多挫折，我发现在野外研究时身体上所遭受的那种疲乏和痛苦，远不及情绪上的各种负担。我很庆幸自己能够体悟到，要在科学研究上有所成就，并非一定要牺牲家人之间的爱与共享。只要懂得在两者间取得平衡，并以对生命的热情和爱加以滋养，我们就每天都能够感受到生命的美好。我也希望，身为一位科学家，我对于雨林保育的努力，可以让我们的孩子和他们下一代生活的世界再美好一点点。

我也十分感谢我的同事们，他们这些年来的想法和创意带给我许多启发，还有威廉姆斯学院“女性与大自然写作工作坊”的成员，谢谢你们无偿为我试读。另外，我也要感谢芭芭拉·哈里森（Barbara Harrison），谢谢你为这本书绘制了许多精美的插图。

感谢耶鲁大学出版社的编辑琼·汤姆森·布莱克（Jean Thomson Black），这次的合作相当鼓舞人心，感谢薇薇安·惠勒（Vivian Wheeler）神奇地将初稿编辑至现在的成果，非常感谢两位付出的时间跟心力。

或许我最该感谢的人是我的孩子，谢谢埃迪和詹姆斯，是你们让我对大自然总是充满好奇心。感谢我的父母，在我花上好几个星期爬树做研究的时间里，替我照顾我的家，没有你们，我今天绝对没办法成功身兼科学家和母亲的角色。

还有你，迈克尔·布朗（Michael Brown），谢谢你陪我一起踩烂泥！

玛格丽特·罗曼

目 录

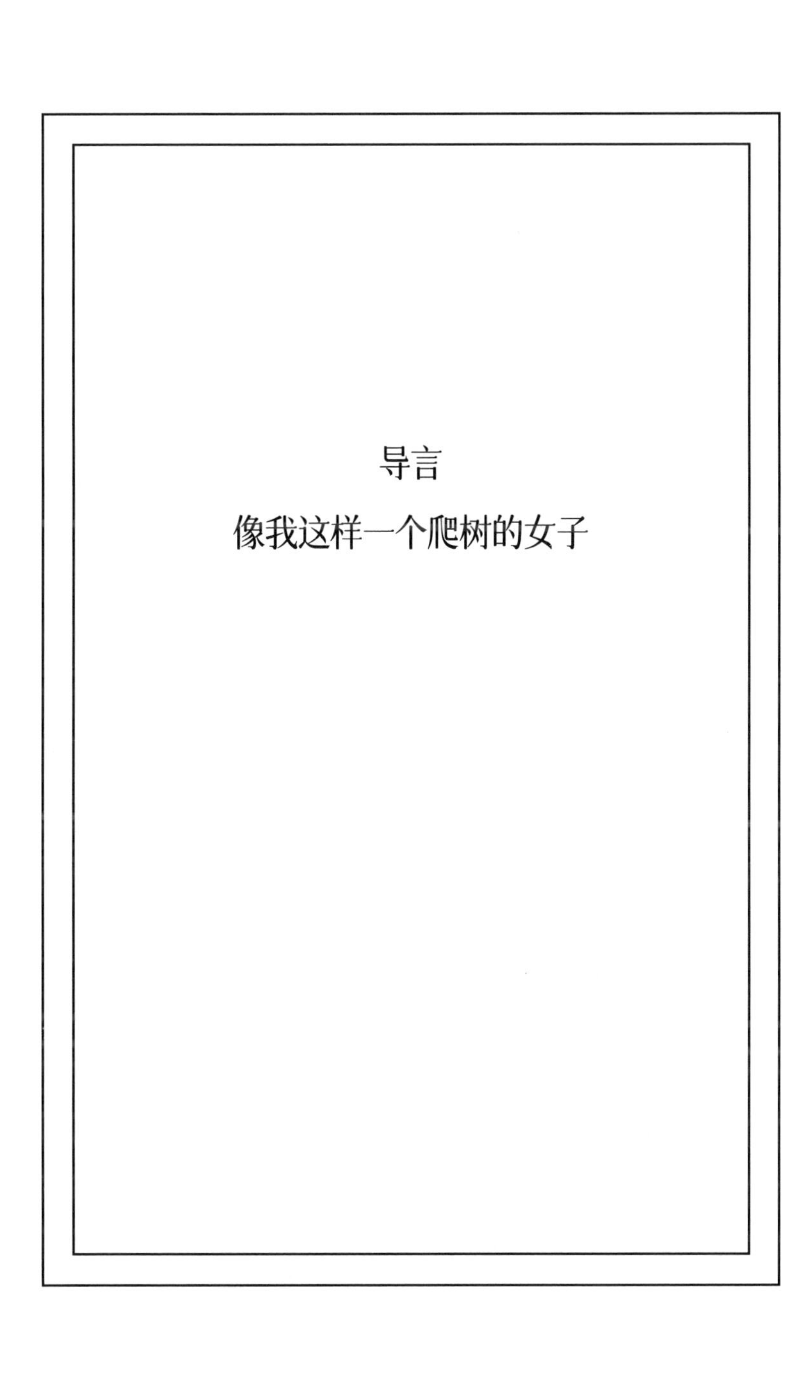

导言

像我这样一个爬树的女子

植物学需要热带雨林的帮助，其丰富多样的物种可以使人的思想更开阔。

——植物学家科纳（E. H. J. Corner）于剑桥大学，1939 年

我小时候喜欢搜集、分类各式各样的事物，像蝴蝶、鸟、昆虫、贝壳、动物的巢穴，甚至树枝。我的父母并不是科学家，但是他们愿意随时把车子停在路边，好让我捡拾在路边瞥见的各种东西。虽然我妈怕得要死，但我房间的橱柜里却住过老鼠，当纽约冷冽的冬天来临时，老鼠们也乐得在我房间里寻觅各种可以用来筑巢的天然纤维。我的生活充满大自然的宝藏，我对科学的好奇心也在各种收藏中渐渐萌发。

小学五年级的时候，我在纽约市的科学展拿了第二名，科学展大厅里清一色都是男孩，他们的作品泰半是各种电子实验以及化学展示，我害羞地同一群异性挤在一起，但是对于自己的野花收藏让生活精彩万分而感到很骄傲。

在青少年生涯中，我有幸可以参加以大自然为主题的夏令营，在那里我认识了许多志同道合的朋友，他们都对田野生物学很感兴趣，有些人后来也成了我从事环境相关领域工作时的好同事。夏令营的主办人约翰·特罗特（John Trott）和李·特罗特（Li Trott）培育了许多未来的生物学家以及科学教育者。不管是哪个夏令营的主办人，只要有办法在山顶上迎着夕阳，对着一群又渴又累但却热血沸腾、聚精会神的青少年，大声朗诵奥尔多·利奥波德（Aldo Leopold）[1]的著作，这样的人无疑是个充满吸引力、浑然天成的老师，而约翰·特罗特就是一个这样的人。

虽然我在20岁之前，从来没有走出过美国，但是我对大自然的好奇心，驱使我到苏格兰攻读生态学硕士。我的指导老师彼得·阿什顿（Peter Ashton）对热带植物那股充满感染力的热情，使我决定将我的博士研究专注在热带雨林上。彼得建议我去有热带生态系统的国家一边生活一边做研究，所以我选择去澳大利亚继续我的学术生涯。我的博士学位也是在澳大利亚取得的，论文主题是“雨林树冠的食植行为”。尔后我有幸与约瑟夫·康奈尔（Joseph Connell）一起合作，他也成了我的第三位指导老师，能力很强的他启发我设计出了严谨的田野生态实验。我在澳大利亚结婚生子，面临相夫教子与外出工作的两难。1980年开始，我花了将近10年的时间做一个澳大利亚太太和母亲。

这本书就是我一个人在厨房里不断自问的成果。为什么我得待在这里洗碗、收拾乐高玩具？为什么在美国的同事可以尽情发表研究，利用托育中心照顾小孩，在实验室加班就点快餐外卖，且工作和家庭仍得以兼顾？我热爱扮演妻子与母亲的角色，但是我的灵魂里仍有着对科学的满腔热情。

---

[1] 1887—1948，美国著名生态学家和环境保护主义的先驱。

1989 年，我开始难耐家庭主妇的全职工作，以及循规蹈矩的澳大利亚乡间生活，这已经无法满足我的心灵。在澳大利亚乡下做一个全职母亲，无法和我人生中珍视的那些事物相契合。我这才发现，我的好多原则都已经被破坏殆尽：帮我先生准备一杯热腾腾的早茶和一顿午饭变得比研究手稿来得重要；我没办法买很多书给我的孩子，因为我实在负担不起；我公公未经我的同意，就把花园里有一百多年历史的榆树给砍了（那棵树的树荫可是我作为主妇的唯一慰藉）；有一天我儿子埃迪发表阔论，说女人没办法当医生；我先生叫我不要再开家里的车去大学图书馆借书，因为我的研究没有那么重要。我的大半人生都是在训练自己成为一位科学家，这个目标却变得如此遥不可及，我发现我的澳大利亚家人，没办法接受热爱科学的我，也没办法忍受我在这个信奉大男人主义的传统家庭里，提出值得省思的问题。

于是我做了一个困难的抉择，我决定离开这块美丽广阔的澳大利亚内陆以及当初深爱的那片森林，重返美国，找回我思想上的自由。这个决定也带来了很多冲击，包括离开我先生，迁居至不同的环境，重回工作岗位，重新适应频繁而长时间地待在偏远地区进行研究，还要面对环境保育议题的各种迫切挑战。在这本书里，我会和大家分享身为田野生物学家的许多冒险犯难，还有我如何在家庭和事业之间取得平衡。

虽然自传这种东西，通常都是在晚年才写的，但我知道愈在事业全盛期，我愈能感受身为女性在科学这个领域遭遇的阻碍，这些感受尽在不言中。爱、家庭以及事业三者的整合，对男人女人来说都同样困难，这些不应该等到白发苍苍了才独自静默思索。

森林树冠已经被视为地球生态的最后一道防线，虽然树冠层给人许多浪漫的幻想，但是抵达树冠的重重困难，导致过去几百年来相关的科学研究寥寥可数。最近这 10 年来，从绳索、平台、起重机一直到热气球，进入树冠层的技术和方法不断进步，森林树冠的神秘面纱终于被揭开，我们得以一窥栖息在里面的各色生物，研究它们的生老病死及药用和食用价值，得以探究地面之上这个三维空间里错综复杂的生态多样性。

本书的每一章都会介绍一种爬树的方法，以及我在研究中提到的一些科学假设。篇章会按年份编排，从我在澳大利亚早期开始以绳索爬树（1979 年），怀孕期间利用活动起重机，研究桉树的树冠（1984 年），在非洲坐热气球进行勘测（1991 年），一直到在马萨诸塞州的温带森林（1991 年）以及伯利兹的热带雨林里面搭建空中步道（1994 年）。我希望读者可以通过我的经验了解到这些方法、采样设计以及研究成果的质量，已经逐年进步很多。科学家也从原本一个人单打独斗，进步到与不同领域的科学团体合作，共同探讨结构复杂的环境问题。田野实验的规模也愈来愈大，进而展现了新兴合作计划的本质。这些对田野生物学来说都是令人振奋的改变！

过去的 15 年来，我参与了许多拓荒性质的树冠研究，足迹遍布各个大陆，也开发了许多爬树的技术（许多技术还在草创阶段）。另外，我还撰写了超过 55 篇同行认可的科学文章。带着这些丰富的经验，我希望可以把森林树冠的精彩通通记录下来，和较少接触科学的读者分享。除了分享我在树林间的种种冒险，更要分享身为女性的我，是如何看待这份传统的男性职业的。我希望通过这本书，读者可以了解田野生物学家的工作形态，也借此激发更多年轻人加入科学的行列。

1982 年，安德鲁·米切尔（Andrew Mitchell）出版了《忘返树冠间》（*The Enchanted Canopy*）。书中集结了多位大胆爬树的生物学家（包括我在内）在树冠层研究的经验。1986 年，唐纳德·佩里（Donald Perry）也发表了一本个人著作《地表之上的森林生态记录》（*Life Above the Forest Floor*），书中内容以他开创的单索技术进入新热带（neotropical）树冠研究为主轴。约莫 10 年后，马克·莫菲特（Mark Moffett）将米切尔的著作加入插画、增添内容后，以《高度边界》（*The High Frontier*）出版，其中收录了更多的研究者以及测勘的新兴技术。

为了能够为树冠层研究带来贡献，同时又不重复前人已经着墨的内容，我以佩里 15 年前的第一手树冠层研究为底本，并从女性的角度出发，探讨现今树冠研究的诸多挑战，好比说，摇摇欲坠地垂吊好几小时，却怎么也找不到吃檫树叶的稀有甲虫时是什么感觉；和49位清一色的男性科学家，一起在非洲森林里面扎营生活是什么样的经验；养育小孩和献身热带田野植物学的研究，又能否兼顾。

你可以从很多种角度来看《在树上》这本书。从生物的角度，这本书可以是树冠研究的材料；从人文的角度，这本书记载了女性与科学的邂逅；在环境保育的角度，则可以作为全球性的专题研究。在每个章节里，我也都会提出未来研究的可行方向。或许这本书最终就是要写给每一个对世界充满好奇心的读者，特别是那些关心森林议题，其中又牵涉政治、社会、经济和生物学的人。

在这本书里，公私领域很难清楚划分。于公，树冠生态在过去20年来，从萌发至今进展相当惊人。在热带地区，树冠层研究也从原先各种进入树冠层的技术开创，发展到现在能专注于更多田野研究的成熟阶段。

于私，回顾我在澳大利亚郊区，努力平衡我的工作和家庭，感觉真的很不真实，许多人无法理解我对生活的渴望，对我来说在个人与事业间疲于奔波是非常严峻的挑战，因为去工作的女性在当时是不被社会接纳的。1970年到1980年，澳大利亚内陆的女人只有一项天职，那就是把家庭照顾好。我对植物学那股不灭的热情，正是我格格不入的主因。

我试着在生活中融入一点科学与研究，我告诉我自己，或许我可以边洗碗边在脑中构思田野实验；或许我可以牺牲午睡时间，好好地写一篇研究文章；或许我可以趁着推婴儿车外出散步时，顺路找一下我实验计划里面的新叶种。数不清的“或许”占据了我的头脑，我相信许多家庭与事业蜡烛两头烧的女性也和我一样，在学着仔细安排各种事情。现今男主外女主内的观念愈来愈淡薄，有别于传统，许多伴侣也开始发展出不同的持家模式。这是有史以来第一次，在科学领域工作的女性，可以听听上一代女性科学家的经验。我在学生时代，跟过的每位指导老师都是男性，他们没办法告诉我如何在怀孕期间继续做田野研究，也没办法指点我该怎样和男性同事在森林里一起做研究。

生活中的许多问号和难题，促使我成为科学家，也激发了我研究树木的热情。为什么热带森林跟温带森林相比是如此丰富多彩？昆虫是怎么找到赖以维生的植物的？昆虫是否会影响森林生态的健全，又会对全球变化带来哪些长远的影响？

在偏远而繁茂的高大树林里取样时，我的身边多半无人做伴，这种种经历都是我人生中的挑战。在私人领域里为人妻、为人母，还有在不同文化里要活出不同的女性形象，这些也都为我的人生增加了更多要努力跨越的障碍。但也正是因为这一切，我才能够茁壮成长，一步一个脚印、坚定地做出生命中的各种选择。

第一章

澳大利亚的热带雨林树冠

还有一处孕育生命的净土等待被发掘，这块土地不是在地面上，而是在地面往上一两百英尺高的地方，面积横跨数千平方英里……在那里，丰富的生命等待着向往大自然的人们去发掘，等待着他们克服地心引力、螫人的蚂蚁、刺人的荆棘，以及腐烂的树干，克服重重困难，抵达丛林树冠的最顶端。

——威廉·毕比（William Beebe）、英内斯·哈特利（G.Inness Hartley）、保罗·豪斯（Paul G. Howes）著，《英属圭亚那的热带野生世界》（*Tropical Wild Life in British Guiana*, 1971）

关于雨林，我一开始迷恋的并不是树冠。1978 年我初抵澳大利亚，第二年开始攻读硕士学位，那时候，爬树这件事情我可是想都没想过，更遑论研究树顶的生物。我非常热爱雨林，就像我的同事一样，我们都渴望了解热带生态。但是，我的眼界却局限于传统的研究方法，我只在地面观察雨林，视线也受限于手中的望远镜。

我和大多数的同学一样，向往研究森林里活泼可爱的生物，好比说猴子（在澳大利亚的话就是树袋熊），还有鸟类，甚至是蝴蝶。但到最后，我选择的是森林中较温和，却又是最基本的那部分——植物。一些大家知悉的野外纪实，都是关于女性科学家研究人猿或是其他动物，但我认为也应该给植物一个机会。

植物和动物一样，充满热情和冒险精神。纠结繁复的藤蔓在树的顶端蜿蜒数百米，多么令人惊叹；侵略成性的绞杀榕缠绕着宿主树，令它们窒息；凤梨科植物的水槽，成了青蛙、蝾螈和昆虫栖息的小小天地。总之，植物的生命充满奥秘，精彩的程度绝对不比任何哺乳类动物逊色。也许应该说，热带雨林的生态活跃度和复杂性，是地球上任何地方都无法比拟的。这些植物充满谜团，包括我在内的许多人都被其深深诱惑，而热带雨林更成了我们毕生的挑战。

在20世纪70年代，热带雨林仍然被视为生物学上的黑盒子，换句话说，就是一个充满未知现象的黑暗领域。在这些纷繁的森林里，有多少生物生活在其中？是什么复杂的结构，让这么多生物得以共处在同一个空间？在雨林被破坏殆尽以前，我们是否来得及了解雨林动物和植物错综复杂的关系？身为植物学的学生，我非常向往热带。我能忍受烂泥、水蛭，拿着湿答答的笔记，只想要解开这一个个鲜为人知的生态系统之谜。

我的未成年时期和大学时期都是在纽约州北部接受的教育，所以那里的森林样貌是我比较熟悉的。四季更迭，秋天落叶、春冒新芽，周而复始的模式令人感到安心。在温带地区长大的我，和许多田野生物学家一样犯了一个典型的毛病，那就是具有温带本位主义。我对大自然的认知，常常建立在我对温带生态的理解之上，这种狭隘的眼光不时阻碍我理解热带森林复杂的系统。在热带森林中，你能看见常绿叶、长年开花、冬季候鸟和12月落叶等形态，这与北方温带枫树林冬夏对比的简单模式相比，有时令我难以理解。我的硕士求学旅程，带我飞越了半个地球，进入南半球未知的森林形貌。我希望经由这场冒险，可以对热带雨林这个充满谜题的黑盒子有更多、更深刻的了解。

1978 年，我拿到了苏格兰阿伯丁大学的生态学硕士学位，论文题目是《高地桦树的季节周期》。还记得当时因为经济拮据，我曾在没暖气、没热水的学生旅社里，窝在电热毯底下取暖，也常常在课后到路边找兔子做炖肉，以“路杀”果腹。正如许多研究所的学生，我忍受这些艰苦的生活条件，就是为了能换取到另外一片土地上研究动植物、接触新观念的机会。

想到能够告别苏格兰高地的严寒，让自己有机会暖和一下，再加上我一直都想要一窥雨林的面貌，我毅然决然地接受了悉尼大学植物学系提供的奖学金。但我实在是太天真了，居然不知道悉尼这个城市离热带有 1000 多公里远。1978 年 10 月，我飞往南半球，开始了我的植物学美梦。

基于以下几个原因，我选择澳大利亚作为我研究雨林的第一站。首先，澳大利亚讲英语；其次，澳大利亚的森林在当时仍是世上最少被研究的森林之一；再次，澳大利亚的生态变化万千，从山上寒凉的雨林、潮湿山谷的低地雨林，到内陆四面环山的干燥森林，形态相当丰富；最后，哪个胸怀大志的生物学家，不想到这个蕴含独特物种的岛上一睹树袋熊、袋鼠、鹤鸵的风采呢?

决定到这个澳大利亚人引以为傲的“幸运国度”从事研究，对一个白人男性来说，这或许算是幸运的，但对于一个活在 20 世纪 70 年代的美国女性科学家而言，就不是这么一回事了。我压根没想过我会遭遇文化上的挑战，澳大利亚内陆对于不同性别该扮演不同角色的观念极为刻板。其开辟疆土的思维虽然令人赞赏，但却和 19 世纪美国开拓西部时一样，环境保育等议题是经常被漠视的。

从演化的角度来看，澳大利亚的生态相当引人入胜，因为它呈现了两个植物群的交界形貌，一个为印度尼西亚的热带植物群，另一个则为衍生自南极与新西兰的温带植物群。这个交集地带使澳大利亚拥有丰富的生物多样性，如此独特的群丛交会更是地球上少见的奇景。

澳大利亚也是说英语的发达国家中，少数拥有热带雨林的。有的人可能会以为澳大利亚在管理与保育热带雨林的表现上相当杰出，应当作为其他国家的榜样。然而实际上，澳大利亚和其他国家一样，在管理天然资源时犯了许多错误。一直到 20 世纪 70 年代晚期，才开始有零星的学者，尝试研究澳大利亚的热带雨林，而真正走进树冠层的更是寥寥无几。

我在澳大利亚做研究的第一个挑战就是辨识、确认雨林的位置，这对一个有温带本位主义的学生来说真的不容易！我的指导老师彼得·麦耶斯考夫（Peter Myerscough），是一位相当绅士有礼的英国植物学家，也是一位非常棒的老师。他建议我应该以悉尼为起点，向北探索、沿路观察，直到看见郁郁葱葱的树林。澳大利亚的面积有 7600 多平方公里，都快要跟美国一样大了，这样的做法似乎像大海捞针一样困难。但是他的建议非常有用，因为澳大利亚将近有 95% 的森林都是桉属桉树所构成的旱林或硬叶林，所以颜色一片灰灰蓝蓝的。

在这块土地上剩下 5% 的森林，就是保有丰富绿色树冠的热带雨林。沿着澳大利亚东边的海岸悬崖，热带雨林的分布相对狭长，东北海岸的山脉拦截住了水汽，因而为热带雨林的植物群带来了丰沛的雨水。

热带雨林字面上的定义，就是平均年降水量至少要达到 2000 毫米。从演化的历史来看，热带雨林曾经遍布整个澳大利亚。澳大利亚大陆属于大洋洲，最早被称作冈瓦纳大陆，它的热带雨林树种为澳大利亚植物群中的印度－马来西亚种，而东南部的植物群则属于寒温带或是南极气候（在这里是指靠近南极大陆的气候），澳大利亚东南部的植物群也和智利、新西兰的相同。这两个差异极大的植物群——印度－马来西亚种以及南极种——在同一个大陆上彼此交会，也造就了澳大利亚雨林多姿多彩的样貌。虽然热带雨林的面积较旱林狭小，但却是让澳大利亚物种如此丰富的主因。

侏罗纪时代，干旱的气候变化使澳大利亚硬叶旱林的面积扩张，热带雨林的面积因此相对减少。此后，因为采伐以及开辟农业用地，许多自然生的雨林场地面积不但变小了，有的甚至完全消失。19 世纪中期开始，伐木工人驻及砍光了澳大利亚西部的雨林区，就是为了寻找红椿[1]这种珍贵的家具木材。今日，澳大利亚的雨林多半零星散布在溪谷附近，这不仅是演化的一部分，更是人类滥垦滥伐的结果。

成为树冠生物学家并不是我一开始的目标，只是随着研究的进展，各种想法自然而然地把我带到树冠这块领域。我早期和雨林接触的经验让我很沮丧，因为那时候我身边根本没有其他同事，悉尼大学的学生跟教职员也都没有参与雨林研究的经验，因此我对雨林的了解仅限于书本，不然就是和偶尔来大学参访的科学家讨教。

记得最初在攻读博士学位时，我一心一意想要研究的是雨林树冠层里的蝴蝶。我想象自己身处绿野，坐在秋千上细数色彩缤纷的鳞翅目昆虫，那感觉多开心啊！但我的指导老师比我实际多了，他提醒我，博士论文需要收集大量的研究数据，因为蝴蝶的活动范围很广、行踪成谜，他很担心我到了雨林以后，会连一只蝴蝶都找不到。百般不情愿下，我只好把研究对象改为行动力比较差的生物——树木。我决定研究雨林树叶的生长模式，这也是我在苏格兰的硕士论文的延伸，当时我研究的是生物气候学以及桦树的光合作用，只不过苏格兰的树最高也就 15 英尺而已。

尽管树叶是森林生态系统相当重要的驱动力，但和雨林

[1]学名 *Toona ciliata*，楝科。

树叶相关的文献还是非常少，而 20 世纪 70 年代以前，大部分的雨林生态研究都是叙述性质，而非实验类型。叶子在不同季节会产生什么变化？叶子的生长模式又是什么？这其中可是包含了发芽、存活、寿命长短、死亡以及衰变等方面。我的理想是在研究中设计有效的实验，然后以叶子为研究的单位进行重复实验，若是把整棵树株当作研究的单位，那么在复制研究时，不仅范围太大，也不容易达成。

身为一个用功又全心全意投入研究工作的学生，我真的是把自己完全地投注到田野研究里，满脑子都是雨林树冠。我当时的目标是研究澳大利亚东部最常见的亚热带和热带雨林树种，试图了解这些树种的叶子生长形态，以及食草动物对树叶存活率的影响。我的研究问题包括：热带雨林树冠层中叶子的寿命有多长？是什么因素诱发了热带雨林的萌芽？为什么树叶会在温暖的环境中死亡，而非在冬季时脱落？

为了研究这些问题，我给树冠层里上千片树叶做了记号，仔细采样，并将各种因素考虑进去，例如空间因素（以树群、个别的树木或枝叶为单位，看树种、位置、高度的差异）和时间因素（以季节和年份来看树叶生长的差异）。我仅选择了 5 个不同的树种，来做树叶生长形态的比较，因为热带树冠层中有上千个种类，要全部研究是不可能的。我所选的 5 个树种都有其生态的重要性，并且也都拥有特殊的保护机制，以阻绝昆虫带来的伤害（譬如非常螫人的细毛、异常坚韧的特性、数量稀少，或带有毒性等）。

日复一日，我记录着那些做了记号的树叶如何对抗食草动物，这点对树叶寿命来说非常关键。但我万万没想到，有些树叶竟然可以存活超过 12 年，这也让我的田野研究所花的时间，比我原本预期的还要久。

虽然惊讶，但这也反映了我从小在纽约州长大所培养出来的温带本位偏见，因为温带树叶的寿命，大概只有 6 至 8 个月而已。

若想验证雨林树叶成长动态学的各种假设，我大可以选择在地表高度的样本，但如此一来，我的研究结果可能会有所偏差，因为地表的环境较阴暗，但绝大多数的树叶都是在地表之上生长的，沐浴在充足的阳光里。我站在地面上抬头仰望，还发现了另一个不该把自己局限在地面，非得登高进入树冠层不可的理由：生物的多样性都是集中在树顶。食草动物对树叶的生长形态可能有着重大影响。20 世纪 70 年代后期，史密森学会的昆虫学家特里·欧文（Terry Erwin）收集的证据指出，地球上绝大多数的昆虫栖息地都是在森林的树冠层。一想到树上可能充满了各式各样的昆虫和植物，我对树冠层就更感兴趣了。

我原本没想过把爬树当成职业，事实上，我曾经想尽办法，寻找不需要爬树的替代方案，像是训练猴子，想办法把大型长焦相机固定在滑轮上，或是冒着摔下山谷的风险，趴在悬崖上观察与我视线同高的雨林树冠。但是这些方法对于收集有效研究数据来说，都太不切实际了，所以我决定成为一个爬树高手！

我永远也不会忘记自己第一次爬树的经历，那是 1979 年 3 月 4 日，刚好是我母亲的生日，我爬的是一棵角瓣木[1]。这种树在悉尼南方的皇家国家公园里，可以长到超过 30 米高。即便城市的范围不断扩张，澳大利亚东南部沿海所幸还有几处维护良好的暖温带雨林，我那时候打算利用这一带，来收集光合作用的相关数据，也因为地点临近悉尼大学，我希望可以善用资源，顺便进行其他的研究工作。角瓣木是我研究的 5 个树种之一，经济效益也很高，它厚实的蜡质表面，看起来就很难被昆虫啃咬。

我很幸运地被当地一个洞穴勘探俱乐部“收留”，他们教我如何使用攀爬的工具和绳索，不过他们的技术主要是拿来勘探地底洞穴。他们看我一点经验都没有，肯定觉得我很好笑吧。因为那时候澳大利亚都还没有登山用品店和户外活动的产品目录，我只好拿汽车的安全带，听从我的老师朱利亚·詹姆斯（Julia James）和阿尔·沃里尔德（Al Warrild）的指导，一针一线地缝制自己的第一个安全扣带。

我先在悉尼大学植物学系系馆旁边的一棵树上实际练习，

[1]学名 *Ceratopetalum apetalum*，火把树科。

然后就直接攀爬角瓣木了，我也在那里学会了用弹弓在树木上固定绳索以及绕绳下降。就像大多数的初学者那样，我努力想要改变身体的重心，好让自己不要再晃来晃去，但还是晃得一塌糊涂、东倒西歪的。虽然隔天我全身酸痛到不行，但是爬树真的很好玩！

从那天起，我就再也没往回看……或是往下看了！有了更进一步的指导，我想澳大利亚雨林里面任何一棵健壮的树，我都有办法攀爬到最顶端。带着我的装备——70 米的“蓝水二代”攀登动力绳索、我自制的安全带、两个上升器、一个鲸鱼尾环扣、一个自制的弹弓、一堆铅坠和田野笔记本，我已经准备好研究树顶上的各种生命了。

以单索技术攀爬一棵巨大的木棉树，这是我以绳索攀爬过的最高的一棵树，目的是研究秘鲁亚马孙河畔树梢的附生植物。当地的巫师说，要神灵同意才可以让我们攀树，我们第一次抛射绳索就成功绕过树枝，看来神灵对于我们的保育计划也表示认同。摄影：菲尔·威特曼

我在澳大利亚研究的那几年，开了好几十万公里的路，为的是每个月到温带、亚热带和热带雨林定期观测树冠层的树叶变化，我也列了一个实用的田野研究装备清单（见附录 1）。这些野外旅程也让我有机会看看澳大利亚内陆的生活，接触这座岛上的文化。

我也遇到好多和蔼可亲的人，他们的人情味丰富了我在田野的经验，我会永远铭记在心：在潮湿的树林里待了好多天时，好心的牧人会给我苏格兰威士忌；多里戈一个木雕师傅把篱笆木柱刻成美丽的碗，还教我怎么辨识我最喜欢的树做成的木材；我的技术助理韦恩·希金斯（Wayne Higgins），他敏锐的双眼和沉稳的双手，在瞄准树枝做固定点时几乎没有失手过；还有许多陪我一起到处采样、忍受水蛭和高树的朋友们。

此外，在这些旅程中也不乏形形色色的其他人：到国家公园偷雪杉的偷林人；那些被我浑身泥土、腰上挂把开山刀的形象吓到的奶吧（Milk Bar，即咖啡店）老板，吓归吓，但他们的奶昔还是摇得非常好喝；一群反文化的澳大利亚人，醉心于迷幻药，总是在雨林里收集果实和种子，处理后吸食；还有那个“蛾人”，只要当地酒吧的灯一亮，他就会准时报到；另外还有一位总是踩着高跟鞋的旅客，她偶尔会来国家公园，才走几步路就尖叫道：“水蛭！”然后便慌慌张张、踉踉跄跄地跑回车上扬长而去。

克服了最初辨识雨林及爬树的困难以后，我在国家公园及保育区里，选了几处作为长期研究的场地，并在几棵树上架好了方便进入树冠层使用的常用设备。最具挑战性的树种就是螫人树，又称金皮树（gympie-gympie）[1]。这种树，顾名思义，叶柄和树叶上布满密密麻麻的小毛刺，可以轻易地刺穿皮肤，在伤口的表面释放毒素。1908 年，一位澳大利亚的化学家皮特里（Petrie）指出，螫人树的毒性比一般的荨麻还要强上 39 倍。巨大的螫人树和普通的荨麻都属同科（荨麻科），野生的荨麻大概有 3 英尺高，但是雨林里的螫人树却可以长到 200 英尺高。因为树叶的寿命和存活率也是树叶生长模式中的一环，如此螫人却有保护作用的毛刺，无疑激起了我的好奇心。

凯拉山保护区坐落于新南威尔士州的伍伦贡市，有人告诉我保护区的螫人树很多，很适合作为研究的地点。不出所料，在有扰动（disturbance）[2]（如滑坡、筑路）的悬崖上，正是这种先驱树种（即在一块空地，或受干扰或新生的区域内最先出现的树种）最佳的生长地点。在保护区里面的螫人树，高度可达 150 英尺，直径可达 8 英尺，并沿着偶尔来扎营的童子军所建造的步道系统生长。不过发现这一带螫人树的欣喜很快

---

[1] 学名 *Dendrocnide excelsa*，荨麻科。

[2] 发生演替时必有一件改变地表长存状态的特殊事件，导致老林毁灭，促使新林发育，或产生一片新的土地与裸露的生长基质，此即生态学上所谓干扰或扰动。

就被一位童子军领队浇熄了。这个人常常不请自来，且过分热情，害得我走童子军步道时很不自在，而且这样对研究也有很大的风险。为了避免这种尴尬，我决定从山的另一边进入保护区，开辟我自己的路径。

重新勘探地形以后，我找到了一条非常合适的山沟，这块区域可能根本没有人来过。我第一次穿梭在这片我新发现的雨林场地时，华丽琴鸟[1]也高歌不断。有这种美丽的雀形目鸟做伴，是我在澳大利亚工作时非常独特的享受。在我的研究地点栖息的鸟类，大多都是两两一对、有地域性的琴鸟。过去数年间，我有幸欣赏到无数次令人叹为观止的琴鸟求偶仪式。

琴鸟会模仿其他鸟类的叫声，它们常常将各种不同的鸣唱拼凑在一起，并且不间断地重复很多次（感觉都不需要换气），浑厚美丽的音调不时在森林里回荡。我在澳大利亚从事研究的那几年，琴鸟一直是非常珍贵的同伴。但很讽刺地，在凯拉山保护区里的琴鸟，还会模仿一些不寻常的声音，譬如狗叫声、割草机的噪音，或是卡车倒车的声音，这些声音或许也是对这一带快速的都市发展的一种预言式的告诫吧。

我在我的秘密山沟里，选了几棵要攀爬的树木。对付螫人树，我会先爬上它旁边那棵树，然后再攀近螫人树的树枝

---

[1] 学名 *Menura superba*，琴鸟科。

（我戴了手套）。每次采样，免不了都会被毛刺螫上几回，但后来我也愈来愈习惯这种像蜜蜂叮的刺痛感，就连已经枯死的树叶都还是很螫人。也因为要不停地采样，搞得我双手上的红肿好像永远不会消退似的。

我采样的方法其实很简单。首先，我会拿一支油性笔，依序在不同树枝、不同高度、不同棵树的树叶上写下编号，再在每个月固定时间回去记录树叶的生长状态、损坏程度、颜色变化和最后的死亡阶段。我也记录叶片上受到昆虫侵害的范围，并将叶片生长的模式和信息记录在笔记中。有了这些长期的测量和记录，我可以一口气整理出雨林中上千片树叶的生长模式，并汇总成一个庞大的数据库。树叶上的记号意外地保存良好，也让我能够持续观察每一片树叶，直到它们枯黄老去。

我也在地面上架设枯落物收集盘，每个月采集落叶样本，计算树木、树叶以及花朵的重量，这也是计算森林生物数量很传统的一个做法。枯落物收集盘的架设需要一个一平方米的收集网，并以塑料管做的支架来架高。

我记得我第一次架设收集盘时，遇到一个始料未及的阻碍，澳大利亚工会让我吃了很大的苦头。首先是大众运输罢工，接着是连续两个月的暑假，那段时间我根本没办法买到制作收集盘所需的材料。澳大利亚工会的强势，让人们部分的生活所需完全被钳制住了，这些推迟和阻碍教了我宝贵的一课：

一定要事先制订好研究计划。

后来我终于架设好了收集盘和攀树设备。一个月过后，我迫不及待地想回去看看收集盘里收集了什么，也等不及进行第一次树叶的样本观察，那时正值9月，是澳大利亚的初春。我向下走到山沟里，被脚边会动的土地吓了一跳，原来我匆匆忙忙地，差点踩到澳大利亚棕蛇[1]。这种毒性极高的蛇类，在属繁殖季节的春天攻击性特别强，因此我慢下脚步、小心地前进。但我被眼前的一幕给吓傻了，整片山沟的地上满满的都是蛇，而且都是毒性超强的棕蛇，这群棕蛇想必是在阳光最充足的地点晒着日光浴……小心啊，印第安纳·琼斯！

我蹑手蹑脚地离开满是棕蛇的山沟，如释重负地安全回到大学的交通车上。这个危险的阻碍迫使我不得不放弃整个山沟，不这样做的话，我的双眼可能没办法专注在树冠上，而是得紧盯着脚边的土地了。后来我在凯拉山保护区的某个下坡处，找到一小块有着丰富的螫人树的雨林区，而且没有成群的棕蛇，也没有恼人的童子军领队。

根据测量的数值显示，即便有毛刺保护，螫人树冠层每年还是有高达42%的树叶被食草动物啃食殆尽。一种具有宿主特异性的叶甲虫[2]，已经演化至专门吃这种名副其实

---

[1]学名 *Pseudomaja textilis*，眼镜蛇科。

[2]学名 *Hoplostines viridipenis*，金花虫科。

蜇人树甲虫（学名 *Hoplostines viridipennis*）。这种善于伪装的甲虫，只吃蜇人树的树叶，丝毫不受布满叶片表面的密密麻麻的毒毛刺的影响。即便树叶表面有防卫机制，蜇人树的虫害性落叶比例，依旧是澳大利亚雨林树种中最高的。绘图：芭芭拉·哈里森

的针垫。跟其他澳大利亚雨林树种相比，蜇人树树冠被虫食的比例，也是我测量过的最高的。失去如此大面积的光合组织，蜇人树怎么还有办法存活呢？为什么蜇人毛刺保护不了树叶呢？

原因很简单，蜇人树的生长速率快，加上叶组织吸收的养分相对较少（叶片薄小、生命周期短），因此可以轻易淘汰受侵害的树叶，却不会造成树株死亡。而有效阻绝人类的蜇人毛刺，对甲虫来说可是一点威胁都没有。据说亚洲是荨麻科演化的地方，这种毛刺的植物防卫机制，能有效遏止许多哺乳类动物的取食。不过对此我仍心存怀疑，因为即便被有毒的毛刺保护，蜇人树所受到的昆虫侵害，仍比我测量过的其他雨林树

种都还要严重。不同树种间落叶的比例差异相当显著，这是非常惊人的发现，也是未来可以继续研究的方向。

我第二个长期观测的野生地点，是位于新南威尔士州的新英格兰国家公园、海拔 1700 米的一处寒温带雨林（或称高山雨林）。澳大利亚这一带以前被戏称为新英格兰，因为这边有落叶树种（栎树、枫树），秋天一到，整片森林红通通的，就像我的家乡纽约一样。我在新英格兰国家公园里的野外驻扎地，是个叫作“汤姆小屋”的木屋（听当地人说这名字是源自国家公园里最早的一位管理员，我一开始还以为是出自斯托夫人的“汤姆叔叔”）。

小屋的位置介于雨林和湿硬叶林的交界地带（过渡带），坐落在我要研究的第三种树群——南极山毛榉[1]之中。汤姆小屋似乎永远都不见天日，到处是苔藓、菌类，总是被云雾笼罩，不时还有毛毛细雨，冷风不断从海岸线吹送到这个向东的山壁。寒风常常演变成暴风雨，吱嘎作响的树枝和树木倒塌、撕裂的噼啪声，成了我瑟缩在小屋里记录叶面积和细数昆虫种类的背景音乐。

小屋里没有电，但却有个用燃气的大型淋浴间，大到可以容纳一头牛（这是管理员说的）。爬完一整天的树后总是浑身湿漉漉的且又筋疲力尽，这时候回到小屋，如果燃气罐是满

[1] 学名 *Nothofagus moorei*，壳斗科。

的，便可以好好洗个热水澡，那真是一大享受；要是燃气罐是空的，真的会让人很崩溃，但这种事经常发生，次数多到我已经不想数了。

汤姆小屋里有油灯、火柴、粮食补给和笔记本，它成了我征服寒温带雨林树冠的陆上基地。我还被一只当地的斑尾袋鼬[1]“接纳”了，它后来温驯到敢溜进小木屋里，明目张胆地吃掉我烤架上的肉排。虽然可惜那块肉，但是能够近距离亲眼看到这种稀少的有袋动物，实属难得。

像我这样一个女人，独自在野外工作好几个星期，却几乎没有碰上什么让我担心害怕的事情，算是很幸运的。除了几次当地人从酒吧回家后，走错了路，跑到木屋门口狂乱敲门，其他时间我几乎都是一个人待在汤姆小屋里过着与世无争的生活，没有我的世界还是照常运作。

大多数的澳大利亚人可能都觉得我是异类吧，我就曾被我公公嘲笑我的 Rockport 登山靴是他见过的最丑的女鞋，另外我也根本不会用熨斗（在澳大利亚郊区，这可是找老公的必备技能之一）。绝大多数的澳大利亚人，听到我独自跋涉 10000 英里，到偏远的地区研究树冠层，不只觉得我荒谬，还认为我的动机可疑。更别提开了 100 英里路的车，只是为了追求厨房和卧室里用不到的知识和想法，说出来大概会让很多住

[1] 学名 *Dasyurus maculatus*，袋鼬科。

在郊区的澳大利亚人都觉得我很可笑吧。

在野外的时间多半是孤独的，田野调查就是这样，必须长时间观察、收集资料，然后还要撰写研究成果。但是这种孤寂却让我更坚强，因为孤寂让我学会了培养自信。

寒温带或是云雾森林的外观，让我想起儿时的温带落叶林。南极山毛榉和北方落叶林里的美国山毛榉是有亲戚关系的。位于大洋洲的寒温带雨林，从昆士兰南部往南一路延伸至塔斯马尼亚和新西兰，都是远古南极洲雨林的残存。这一带的寒温带雨林是自然界天然产生的纯林[1]的迷人例证，山毛榉占了雨林树冠的95%，非常特别。

新南威尔士州有着一大片南极山毛榉纯林，亦即这片森林对食叶昆虫来说可能是一顿大餐。为什么山毛榉有办法成为纯林，不受虫害呢？难道这个树种会分泌毒液保护自己吗？南极山毛榉就是我的第三个研究树种，它让我想进一步探讨，纯林如何让自己免于流行虫害。

我在汤姆小屋研究的那几年，遇到了生平第一个奇异的“不明取食生物”（UFO，unidentified feeding organism）。1979年10月，南极山毛榉突然被某种不明食草动物攻击了两个星期，损失的叶的面积相当惨烈（唉，那时我人居然不在那儿），然后就消失了，它们唯一留下的是遍地枯残的落叶，其余一点

---

[1] 森林中若有一种树占绝大多数，即称为“纯林”。

蛛丝马迹也没有。在我的职业生涯中，我总是在观察食叶害虫所留下来的线索，然后耗费好几个钟头、数星期，有时候甚至是好几年，才能找到啃食的元凶。

南极山毛榉的长叶模式有点类似温带树种（譬如它的近亲树种——美国山毛榉），大约有一半的叶子都会在每年的春天（9月至10月）长出来，到了秋天（4月至6月）有一半的叶子开始枯萎。因为长叶期会有大量的新叶萌发，有些伺机性昆虫的生命周期早已同步演化，会在最适当的时机攻击山毛榉树冠，大口啃食柔嫩的新叶。每年山毛榉都被这种UFO侵害，丧失一半以上的新叶。

因为这种食植模式是有季节性的，所以我必须等待一整年，才有办法收集到第一批大量落叶，做第一手观察，所以我其实相当紧张，也很担心，因为食叶害虫来年不再出现也是很有可能的事情。或许1979年的事件，是一个每25年才会发生一次的周期现象，那我可能永远都找不到真凶了。即使心里这样想，来年春天我还是准备了所有必需品，出发到汤姆小屋长期抗战，我也打造了几个硬材料制造的梯子，固定在山毛榉的树干上，让我不论昼夜晴雨，都可以顺利进入树冠层。

9月下旬的第一个回暖的晚上，我的辛劳终于有了回报。我拿着手电筒，在树冠层里面到处探照，发现嫩叶上悬挂着细细的丝线，上面有几只迷你的毛毛虫在蠢蠢欲动，但是它们并没有在啃食嫩叶。后来连续几天我都回去观察，毛毛虫的数量明显地暴增，结果每片嫩叶上差不多都有十只毛毛虫，而且它们还大口大口地吃着叶子！

这些毛毛虫会先吃掉最顶端的树叶，因为那些叶子新生的组织又嫩又柔软。慢慢地毛毛虫愈变愈大，口器也变得愈来愈强壮，它们就会像除草机一样，逐渐地沿着树枝向下吃起其他叶子，吃的叶子愈来愈坚韧，身体也愈长愈大。我仔细记录着这些毛毛虫的数量以及啃食速度，然后，它们如毫无预警般出现那样，又全都突然消失了。嫩叶层被啃得只剩下枝丫，我也未来得及收集幼虫以备养大之后再加以辨认，食叶害虫就再一次全身而退了。沮丧之余，我只好回到悉尼，等待下一年，再来完成我的山毛榉与食植行为冒险记。

来年，如同我预料的那样，同一种幼虫又出现了，而且再次大量啃食山毛榉新生的嫩叶。这次，我有充裕的时间观察不同的树株，发现并不是每个山毛榉树群都有幼虫，看来这种食叶动物并没有办法一次占据森林里的所有山毛榉。不管是什么生物，只要不是以规律的方式，而是以块状分布，很有可能是为了躲避捕食者。有些科学家认为，在森林中以块状分布的植物，很有可能以它们的分布方式躲过食草动物的侵袭。

这次，我小心翼翼地收集了一些幼虫，并剪了一些健康的山毛榉树枝，一并放在大型的塑料袋里，然后全部放到车上，带回我在悉尼的小公寓里，客厅顿时成了迷你的山毛榉森林。我在地上放了一桶桶的树枝，让幼虫尽情地进食，度过不同阶段的蜕皮期（成长中的幼虫会经历阶段性的蜕皮）。接下来它们进入蜕变阶段，变成一颗颗晶莹乳白的小球。这些蜕变后的小小身躯，会一个个掉在地上，过了两至三个星期以后，成为一种金铜色的金花虫。在雨林里，这些幼虫会掉到地面，被腐殖土覆盖，去年它们就是这样逃过我的法眼的。

这个神秘又重要的食草动物的成长阶段，终于被我记录下来了。我兴高采烈地拿着样本到悉尼大学，找动物学系的昆虫学家辨识，但是他们却无法辨别。我只好把样本拿到悉尼的澳大利亚博物馆，结果也一样。我再把样本带到澳大利亚科学与工业研究组织在堪培拉的昆虫学部门，那里的专家居然仍对此一无所知。他们告诉我，这很有可能是一种未命名的金花虫，所以我决定把样本寄给任职于英国纽卡斯尔大学、世界闻名的金花虫科专家布莱恩·塞尔曼（Brian Selman）博士。这个食草动物身份认定的旅程，居然与国际接轨了。

几个月后，我收到令人振奋的研究结果，原来这个食草动物真的是新发现的金花虫物种。布莱恩将它的学名定为 *Nothfagus novacastria*，一则是以宿主树假山毛山毛榉为属名，二则这个物种发现地的北方 100 英里就是澳大利亚的纽卡斯尔（Newcastle），塞尔曼博士又是任教于英国的纽卡斯尔大学，因此就以“纽卡斯尔”作为种名（*novacastria* 是 Newcastle 的拉丁文）。塞尔曼博士对我的新发现又爱又恨，因为这个新种完全推翻了他最近针对金花虫系统发展史所发表的论点。

我自己则是把它命名为古尔甲虫（the Gul beetle），作为我的母校马萨诸塞威廉姆斯学院（Williams College）建校 200 周年的纪念礼（Williams 的拉丁文为 *gulielmensian*）。我没办法像其他人一样大手笔地捐款，不过身为一位田野生物学家，能够以母校之名为新种命名，应该也是项不错的贺礼吧。

虽然古尔甲虫的外观不是很起眼，但是它的生命周期和赖以维生的植物几乎完美合拍。它顺应山毛榉长叶的季节周期，并在短期内大幅影响树叶的存活率。山毛榉有 51% 的新叶被食草动物啃食，相较于其他森林，这个数字非常高。但是在我 12 年的观察生涯中，却没有山毛榉因此死亡。

当然，对于可以活上好几千年的树种而言，12 年是极为短暂的，可能还要再研究个十几二十年，才有办法看出甲虫对山毛榉存活率的显著影响。而甲虫的数量也可能每几年就出现一次波动，在暴增期（譬如 20 世纪 80 年代）后会出现休眠期。昆虫与植物的关系比我想象得还更复杂，尤其是在高大的树林里，要观察各种现象更是难上加难。

在我的研究生涯中，古尔甲虫并不是唯一的神秘食客。事实上，树顶的食草动物，不管是分布的空间（有时候它们会躲在树叶或是树皮里），还是出现的时间点（通常都只出现一阵子），多半都难以捉摸。

研究的头两年其实充满挫败感，我几乎没发现什么食草昆虫。我花了很多时间悬吊在绳索上，但是却鲜少看到它们的踪迹。对此我也大惑不解，因为很多树木的新叶面积，都以每年 15% 至 50% 的速率在减少，和多数的北方温带落叶林比起来要高上 4 至 5 倍，我不禁自问：

1. 如此大量啃食树叶的食草动物是什么？它们究竟在何处？

2. 是所有雨林的树冠层都被严重虫蚀，还是这只是澳大利亚雨林的特例？

探究第二个问题的答案，或许得花上我大半辈子的时间，但是出乎意料地，答案出现得比我预期的还要快。

我的温带雨林研究地点位于多里戈国家公园里较偏远的地区，我叫它“梦幻岛”（身为小飞侠彼得·潘的粉丝，我想这个名字很适合拿来作为我研究地点的代称）。有天晚上，我要到屋外上厕所，耳边却传来阵阵的啃食声，拿起手电筒一照，发现好几只竹节虫（竹节虫目）正忙着啃食黑荆树[1]的新叶。这让我又惊又喜，原来夜间啃食行为是森林里司空见惯的事，这可是重大突破啊。雨林树冠层大多数的食草动物，都是在夜间而非白天出没的。根据这项发现，我开始改变观察的作息，夜探昆虫成了我研究中很重要的一部分，也因此有了更多惊人的发现。夜间观察的成果非常丰硕，我发现澳大利亚雨林树冠层的食草动物，主要有甲虫（鞘翅目）、蝴蝶幼虫（鳞翅

[1] 学名 *Callicoma serratifolia*，火把树科。

目）、蚱蜢（直翅目）以及半翅目昆虫。

我在澳大利亚雨林研究的这段时间，并没有发现任何脊椎动物导致树冠层大量失叶（不过我后来在其他的大陆上遇到过）。粉红凤头鹦鹉和其他鹦鹉在求偶仪式中，偶尔会做出折取树枝的古怪行为。树袋鼠虽然是食草性的，但它们只分布在昆士兰较北方的小块雨林区。树袋熊算是澳大利亚数一数二的食草动物，但是它们只吃旱林里的桉树。

在夜间观测地面、树叶与食植行为并不算太难，但要在树顶上进行这些研究，简直是难如登天。我多半是以单索技术（single-rope technique）进行田野工作，以便垂直攀上单棵树株，这个技术也可让我轻松地在树株之间移动。虽然把爬树当工作，听起来好像是小孩子的梦想成真了，但在繁茂的森林里爬树，的确充满挑战性。

首先，要在树枝上找到套索固定点，以便进入更高的树冠层，我们需要有熟练的弹弓运用技巧。但是弹弓被列为非法武器，所以我的第一个弹弓就是拿金属棒拗成 Y 字形自制的。我们想方设法，要把鱼线射到高得根本碰不到的树冠树枝上。这种技巧需要两个人合力完成，一个人拿弹弓想办法把圆形的铅锤射到树枝上，另外一个人则拿着绑在铅锤上的渔线。我们之间的对话也很好笑，比如怎么找到合适的树杈（crotch，也有胯下之意）、怎样才能让铅锤上的球（ball，也有睾丸之意）更精确地瞄准树枝一类的，而且常常边弄边骂，因为要瞄准树枝真的是一件很累人的事情。

其次，树枝通常都比看起来更高；藤蔓也好像会自己伸出魔爪抓住鱼线一样，死死地缠住解也解不开；有时候铅锤发射出去后，就很开心地脱线往外飞到不知道哪里去了；有时候鱼线还会垂挂在树枝的顶端，怎样都不肯滑到树杈里。

一旦鱼线稳稳地环绕在强壮的树干上，卡在树杈里，我就会再以一条尼龙线固定住，作为日后抛掷攀树绳索的参考点。我从来不会把攀树的绳索放在外面过夜，因为喜欢东啃西啃的啮齿类动物、什么都吃的蚂蚁和白蚁，以及阳光和雨水的侵蚀力，可都是破坏绳索的高手。我的生命可以说是完全系在攀树绳索的强度上呢。

猎枪也可以采集到树冠样本，但是这样的取样数量不但有限，还相当具有破坏性，对我的研究也没有太大帮助。有时候需要树冠层最顶端的花朵样本时，我就会利用猎枪把树枝打下来，但是我的肩膀却会因枪的后坐力而严重瘀青。

阿尔·金特里（Al Gentry）[1]为了在澳大利亚北昆士兰的树冠层采样，独创了一种爬树工具——脚踏爬树器[2]，我也考虑过使用这种方式进入树冠层。这种工具很适合用来攀爬挺直、分枝少的树干，阿尔也因此成功采集了无数果实和花朵，

---

[1] 世界闻名的植物学家，1994 年不幸在厄瓜多尔的坠机中去世。

[2] 同无钉爬树器，类似脚扣。

以进行分类学的研究。但是脚踏爬树器对我的生态采样却没什么用处。

独自一人在雨林树冠中工作的缺点很多，我就只有这么一双手和一对眼睛，我永远没办法观察到所有的食草动物，也没办法单凭一己之力就在短时间内收集到所有重要的树叶样本。这些年来，树冠层的研究除了有我的努力以外，还有一群志愿者的热心帮忙。他们全是来自一个相当创新的组织——守望地球组织（Earthwatch）。该组织招募志愿者，帮助科学家在田野间进行工作，借此提倡研究的重要性。

1980 年，第一批来支持的守望地球组织志愿者加入了我的研究工作；接下来的 10 年，更有超过 250 位志愿者成为我在雨林树冠研究的生力军，给我灵感、丰富我的研究成果。这些志愿者的协助，让我得以收集更多树叶和昆虫的样本。团队合作的精神除了让田野研究变得新鲜有趣以外，更给人留下许多难以忘怀的回忆。

说到我和守望地球组织在澳大利亚的第一次探险，有件事我印象特别深刻。那是我们在森林里采样的第一个晚上，我请 11 位队友在一棵巨大的檫树[1]下和我碰头，我们要在那里设置多个诱虫灯，以比较高低树冠之间蛾的数量有何不同（檫树为常绿树，树叶表面有蜡质粉，这种树在澳大利亚各种森林

[1] 学名 *Doryphora sassafras*，香材树科。

里都可以看到，也是我研究的第四个树种)。

到了又湿又黑的集合地点后，我开始向新手志愿者解释怎么架设诱虫灯、今天我们诱捕的昆虫是什么。突然间，我们头上出现了雷鸣一般的声响，整棵檫树好像飞起来了一样，原来刚刚大概有25只丛冢雉[1]栖息在树上，我们的手电筒和噪音肯定是打扰到它们了。但最惨的还是我们，因为丛冢雉被惊吓时会大量排泄，就这样，羽毛和鸟粪如大雨般落下。大家都傻掉了，惊吓之余还非常臭。

队员们一个个默默回到房间里冲澡，留下我独自担心这场鸟粪雨可能永远浇熄他们对科学的热忱。但是隔天晚上他们全都出现了，每个人身上不是披了浴巾，就是穿上了斗篷雨衣，得意地把头跟肩膀包得严严实实的。

那次命运多舛的探险还不只这样，其中有一次一位志愿者在爬树练习时慌了手脚。当时维基（Vikki）刚好悬挂在檫树的最顶端，有条绳索卡住了上升器，怎么样都打不开。我们不断祈祷，并把一把瑞士刀用绳索送了上去，我想这绝对是我人生中最心急如焚的时刻之一，我满脑子不断想着：她会不会割错绳子？我的技术助理希金斯真的太神了，他一步一步告诉维基该怎么做，成功地用口头指导的方式让维基自己脱困了。直到现在，维基还会写信告诉我，那天真的是她人生中

[1]学名 *Alectura lathami*，冢雉科。

最刺激的一天，甚至比她负责空军喷气式飞机的驾驶工作还要刺激。

守望地球组织的志愿者一直以来付出了许多时间与精力，协助我在澳大利亚以及其他地方的研究。我现在则是该组织的专家顾问。我很荣幸加入如此杰出的组织，一同担负环境保护的神圣使命。

我也找了悉尼大学的学生协助我的研究工作，那时候有好几位学生在偏远地区进行田野调查，所以我们常常彼此轮流陪伴，一同进行研究。我还记得有一次我在大堡礁那里的孤树岛待了好几个星期，那段时间非常有趣。我协助学生研究珊瑚礁灌丛的呼吸系统、蝴蝶鱼在块礁区的族群动力学，以及海洋水柱中的浮游生物。我还自告奋勇到大堡礁较偏远的礁区，下海帮忙抓海蛇做记号，据说那可是世界上最毒的爬虫类。但是我得承认，海蛇研究的确拓展了我对认知科学的定义（参见第三章）。后来这群学生也协助我架设攀树的绳索和设备、记录树叶状态、勘查场地，或是开车载我往返于路途甚远的各个雨林间。

有位来自田纳西州的守望地球组织志愿者，因为在昆士兰他体会到了我自制的弹弓有多难用，回去之后便好心地寄了一把非常棒的美式弹弓给我（在草丛里找到一把枪，要比发现弹弓容易多了）。后来这个意外的礼物卡在了悉尼的海关那里，我接到警方打来的电话，说因为有违禁物品，所以他们已经没收了我的包裹。我花了好几个月申请许可证，费了好大一番功夫来说明这个武器真的是我科学研究需要的，才终于收到了包裹。

但我觉得自己还是沦为海关人员的笑柄，因为包裹里面不只有弹弓，居然还有一套迷彩内衣跟一瓶香水，这位可爱的志愿者忍不住要把最潮的丛林内衣寄给我（与我共事的守望地球组织志愿者都会开玩笑说我的穿着永远不变，因为我再怎么穿都是卡其色，也有人开玩笑说我的内衣肯定是迷彩的）。我的技术指导希金斯，在进行这次野外研究之前刚好订婚，所以那位可爱的志愿者也送了他未婚妻一瓶香水。至今我都还在怀疑，我的名字是不是在悉尼海关的黑名单上，还附注：怪怪的科学家，在森林里从事不明活动。

新弹弓不只让我能更准确地套索，还吸引很多男同事主动说要陪我去野外研究，但他们根本就只是想要用用看这个超酷的“男生玩具”。我得承认，没有半个女同事对我这个特别的研究工具感兴趣，但是有很多澳大利亚农夫都很羡慕我有美式弹弓，还常常跟我借去解决他们农场里恼人的兔子跟狐狸。

我在昆士兰主要的几个野外研究地点，都和奥赖利一家（the O’Reilly）经营的雨林旅馆相毗邻。几年下来，他们也好像成了我的家人，我们常常一起分享对雨林自然历史的热爱和有关雨林的知识。爬树数年之后，我开始因为绳索的诸多限制感到受挫，绳索可以让我自由上下树冠，但却不太能够往水平方向移动。后来奥赖利一家人利用当地的资源，加上我不断从旁鼓励，打造了世界上第一条（就我所知）结合生态观光与研究的树冠步道。这种进入树冠层的崭新方法，大大拓展了我的树冠层研究的视野，也让旅馆的旅客能更深入地体验雨林。不管是夜晚还是风雨来袭时，这条空中走廊都让我有更足够的时间采样，也可以让团体一起在树冠层里做研究。

树冠步道的结构简单，对环境的影响低，安全性又高，让进入树冠层变得更轻松，对于树冠层研究来说，无疑是最佳工具。几年后，有鉴于树冠步道带来的研究效益，我开始在世界各地打造其他树冠步道（参见第六章）。

过去 10 年间，我和上百位学生以及守望地球组织的志愿者，利用树冠步道探索步道周遭的树冠层。不必担心绳索带来的风险，志愿者也可以尽情培养对树冠层的好奇心。从 1985 年空中步道完工到现在，奥赖利一家人让上千名游客有机会亲身体验雨林的树冠层。这家人在我热爱树冠的无国界大家庭中，是非常特别的一群，他们的旅馆至今仍旧是一个研究雨林的中心。

我的第五个研究树种为红椿。之所以会选择研究红椿，是因为它被视为澳大利亚最棒的家具木材，经济效益颇高，也是刺激澳大利亚从事森林保育的一大主因，因此我想要进一步记录该树种和昆虫病害之间的关系。

20 世纪早期，商人进入雨林寻找、砍伐红椿，是澳大利亚雨林遭破坏的罪魁祸首，再加上一种叫作欧洲松梢蛾的虫害疫情暴发，导致了红椿大量落叶。因为我对红椿特别有研究，所以我在那一带做研究的澳大利亚男人间还算有名气。有一天，我向当地的扶轮社（Rotary Club）介绍红椿和松梢蛾的相关研究，他们居然把欧洲松梢蛾（tip moth）听成“乳头蛾”（“tit” moth），这误会自始至终没有解开过，只要我到镇上，就会有路人问我最近乳头蛾的情况有没有改善！

从1978年到1990年，我在澳大利亚生活了12年。这期间，我花了5年的时间在雨林树冠层做研究，作为博士研究的主题，剩下的几年则是在旱林和善尽为人妻母的义务间来回奔波（不过这顺序不是按重要性来排的）。我已经往返于那些雨林的田野研究地点10年了（可能更久，因为我现在每年都还是会回去），这经历对我来说非常珍贵，因为我得以长时间观察植物和昆虫之间的交互作用和关系。

雨林里大部分是寿命为1到3年的常绿树叶，这算是以往普遍的认知，不过这个说法已经被改写了。因为长期研究的数据显示，有些树叶（例如檫树的阴生叶）的寿命可长达15年之久，相较之下，同样一棵檫树的树叶，由于位于树冠层，阳光充足、空气流通，寿命就只有2至3年。

树叶生长模式的变化很大，更有间歇性（整年都长叶，但有时快慢速度有别）、连续性（每年每月持续长叶发芽）、季节性（在特定季节长叶）、落叶性（每年有段时间固定落叶）等物候差异。食植昆虫通常只在夜间进食，跟成熟的叶片相比，新叶（鲜嫩、毒性也比较低）被啃食得较为严重。

虽然长时间不断采样有时会让人感到枯燥乏味，但是这些数据集只会益发珍贵，有些模式和周期在短期内并不明显，一旦把时间拉长，就很容易观察到了。

第二章

探索澳大利亚内陆

囚犯流放国度——澳大利亚，其坚忍的本质，造就了从孤独和磨难中而生的小草精神。

安逸的生活使人软弱，久居在家容易丧志，一个"真正的男人"不会安于现状，也蔑视流露情感……

灾难的出现可能毫无预警——鲜为人知的疾病，可以一举带走辛苦豢养的家禽和牲畜；不论大人还是小孩，都可能死于被蛇咬、破伤风感染或是意外坠马。灾难也可能会随着干旱逐渐降临。灾难无所不在，女人成天独自在家，有的是足够的时间为这些事烦恼上一整天。

——吉尔·凯尔·康威（Jill Ker Conway）著，

《库伦来时路》（*The Road from Coorain*, 1990）

有鉴于我的博士研究几乎是在雨林完成的，我可能是澳大利亚20世纪80年代早期，唯一一位有第一手科学知识的树冠专家。也因为这个特殊的背景，我得到了一个博士后的工作机会，协助解决牵涉庞大经济效益和情感的生态问题。

那时候澳大利亚郊区有好多树濒临死亡，更糟的是，一种神秘的病害在澳大利亚肆虐，严重影响森林植群中的优势种——桉树[1]。桉树是澳大利亚的国树，在文学、历史和生物学中都不乏对桉树的描述。澳大利亚的桉树超过500种，占据了这片干燥的大地上所有树木的95%，然而该树群却深受某种流行病害的侵袭，叶片不断掉落，导致树株死亡。这种症状称作“桉树枯梢病”，直至20世纪80年代中期，已有上百万棵树患病却无从医治。

为什么会有枯梢病？地主要如何挽救逐渐崩坏的地貌？为什么澳大利亚内陆郊区的树群分布较稀疏，但灾情却最为严重？这些正是我博士后研究的核心，也是我后来几年持续探讨的问题。因为枯梢病似乎源于树冠层，因此我利用在雨林习得的爬树技巧加以研究。这个必须用科学来应对的挑战是如此严

---

[1]学名 *Eucalyptus sp.*，桃金娘科，桉属。

峻，其中牵涉的生态复杂度，远比我想象中的还要高，而我也因结婚生子而遭遇情感上的冲突。

1878 年首次出现桉树枯梢病的症状记载。一位名为诺顿（A. Norton）的农夫在日记里写道："上千英亩的土地，尤其是在新南威尔士的新英格兰地区，似乎被某种疫情带来的死亡所笼罩，万千森林无一幸免。"[1]往后的 100 年间，澳大利亚暴发的枯梢病以不规律的周期，重创西澳大利亚的红柳桉树[2]、新南威尔士中部的桃花心木[3]，甚至昆士兰的镰叶桉树[4]也通通遭殃。其实在澳大利亚内陆，这种病害的疫情时有发生，但是 20 世纪 80 年代，枯梢病害已经达到了流行病的程度。

也因为枯梢病似乎在郊区比较严重，我就从悉尼市中心搬到新南威尔士中部一个叫阿米代尔的小镇，研究这个难解的环境生态疾病。阿米代尔拥有澳大利亚第一间乡村型的大学——新英格兰大学，在那里我和许多农业科学家、生态学家互相交流研究。我也拿到一笔澳大利亚联邦政府的补助，调查虫害暴发和乡间桉树健康状况的潜在关联。

---

[1]摘自《昆士兰皇家学会会刊》（*Royal Society of Queensland*），卷 3。

[2]学名 *Eucalyptus marginata*，桃金娘科，又称赤桉木、澳大利亚红木。

[3]学名 *E. nova-anglica*，桃金娘科。

[4]学名 *E. drepanophylla*，桃金娘科。

在悉尼待过之后，会觉得澳大利亚乡间根本就是另外一个世界，就连人们说话的口音还有用语都不一样。许多的“资产”（牧场或是农场）都已经传承超过五代了。彼时，迁移到这一带的人，只要可以整理出一块地并建房住下来，就可以无条件获得那块地的所有权。

早期屯垦的移民来到这片与世隔绝的土地，面对的是无比严酷的环境条件：干旱、强风、水灾、疾病、不适合耕种的黏土地、毒蛇、流行虫害、猖獗的野兔、砍伐森林与开垦土地遇到的各种挑战，还有其他诸多阻碍。也因为如此，这些农牧场主人具有十分坚毅的性格，对待土地和家禽也都非常忠诚。

进入新南威尔士的新英格兰区，就会看到写着“荣耀新英格兰”的广告牌欢迎你，这句话用来形容过去的确名副其实。但如今在一个个广告牌后面的，是一片槁木死灰般的景色。澳大利亚乡村应有的祥和、柔美的景致，全被干瘪焦枯的桉树给取代了，光秃弯曲的树枝无奈地向天际伸展，仿佛也都放弃了挣扎，默然接受挫败一样。羊群在树底下已经无处乘凉，大地一片死寂、荒芜。新英格兰区是枯梢病肆虐最严重的地区之一，另外还包括澳大利亚西部、南昆士兰，以及澳大利亚首都领地。枯梢病的症状很明显：树冠呈现不同程度的损害、衰落，最后整株树死亡。

枯梢病就像一个谜团，根本找不到有关这个复杂病害的致病因素。不过它有个显著的特征：似乎都是从树冠上层开始生病，而后下层的树枝也会枯死。辨识枯梢病最好的方法可能就是观察症状：首先树株会失去生气，从枝丫的末端开始枯瘪，然后蔓延至树枝、树干。因为树株最外圈的凋零，死掉的树枝比残余的树叶更突显。

树冠外层大量枯萎后，树干和主要的树枝开始发新芽长新梢，这些新梢称作副梢或是骈干[1]，是树木最后奋力一搏、努力生长树叶以进行光合作用的机制。有时候长新枝的树，看起来好像变健康了，但大多数只是回光返照。新枝萌生的现象大概会出现好几轮，而且每次新枝都会比上次更短小，最后树株还是不敌衰弱，然后死亡。桉树的耐受度好像特别高，多半会经历几次长叶，才会真的干枯死亡。然而一旦树株承受不住一次又一次的能量消耗，再也无法萌芽，就只能走上枯梢病的最后一个阶段。

还是博士生的时候，做学术研究都是基于好奇，现在，我很高兴可以借此来解决实际的生态问题。上千英亩的土地，以及观光业、农业上百万元的经济价值，全都可能因为枯梢病毁于旦夕，这些都迫使我尽快找到病因。由于媒体需要在电视以及报纸杂志上讨论枯梢病，所以我也得改变学术写作的习

[1] 为适应土壤化育较差的地点，一株树不断生出侧芽，就算稍大的树干死亡，仍有侧干后继以存活。

惯，尽量使用亲近大众的言语。

有时候我的研究也会引起争议；那些在澳大利亚乡间的提倡环保的人士被叫作“小绿绿”（Greennie），这名字稍微带有贬义。在那些对科学不信任的当地人和不信任农夫的科学界之间，我做什么事情都得很小心，而身为一个农夫之妻，我发现在这两者之间很难取得平衡，而且代价很高。

有许多因素都和桉树枯梢病有关联，像是生物条件、人类活动的影响、物理环境因素，或是综合以上多种因素。可能的致病因子包括食植害虫、真菌性病害、干旱、地下水位的改变、施肥后引起的土壤养分失衡、土壤侵蚀、放牧造成土壤压实后不够透气、烧荒、牛或羊的过度畜养，还有土壤盐度等，就连“比利蓝桉”（Billy Bluegum，澳大利亚人给树袋熊的昵称）可能吃了太多桉树叶，也被视为致病因子之一。

但枯梢病应该不是单一致病因子造成的，更有可能是多重因子的偕同效应。但很不幸的，交互作用通常很难厘清，譬如干旱可能会对某个树种造成压力，导致病虫攻击，部分树株为了再生，反而消耗其他树株的土壤通气量，回过头导致该树种脱叶的情形再次出现。结果就是单一地区里，出现零星的树群感染枯梢病。也有更复杂的原因，譬如在干旱和多雨的年份，虫害对树株健康造成的影响可能就会有很大的差异。由此可见，复杂多重的生物学难题牵涉其中。再者，像树木这种生命周期长的多年生植物，病害的致病结构更是复杂，一年的时间是绝对没有办法解决的。

这次和我一起共事的哈罗德（哈尔）· 希特沃（Harold [Hal] Heatwole），是新英格兰大学动物学系的教授，他发现这个重大的环境问题根本没几个科学家研究过，纯粹就是因为这个问题太复杂了。在科学界，如果要研究的问题太复杂，是很难拿到补助资金的，因为要把研究问题以单一且架构良好的假设概念化，根本是不可能的事情。在研究的过程中，除了发挥我们两个各自在两栖爬虫学以及植物生态学的专长之外，还得另外做功课，涉足真菌学、树木学、农学、气象学、鸟类学，甚至是气候学等领域。对我来说，这次的研究大概就是个转折点，为了解决问题，我必须面对森林保育和人类对生态影响的全球性议题。这次的研究也让我体会到，如果我们真的想要有效地保护环境，就必须找到更直接、更明确的方式，和普罗大众沟通科学相关的知识。

许多牧人因为长期放牧，对地貌的改变非常敏感，他们说垂死的桉树叶是被食草动物吃光的，嫌疑犯有树袋熊（常常可以看到树袋熊只坐在一棵树上，默默地把叶子啃个精光）、昆虫（过去曾有几种周期性的甲虫虫害），还有一种真菌病原体。在西澳大利亚，地方政府花了好几百万的经费，研究地区性的枯梢病，后来终于发现一种根腐病菌就是那个州树木枯死的元凶。根腐病菌[1]是一种真菌，跟着马来西亚牛油果农场牵引机轮胎上的泥土，一路到了西澳大利亚，并感染了红柳桉树林，几乎杀光所有树株。不过 1983 年我们开始在东澳大利亚这边进行田野研究时，并没有发现那种根腐病菌，也没有发现其他嫌疑犯。

我们的第一项工作，就是确定树叶到底是被啃食的（如同许多农夫猜想的），还是因为其他因素才出现脱叶的情形。我在旱林以及桉树树群里，分别架设了好几个爬树的地点（类似我在雨林做研究那样），记录一系列健康和生病的树群位置，也在各个地点测量树冠于不同地点的脱叶程度。我拿着我最信任的防水油性笔，在低、中、高段的树枝上做记号，每个月固定回去测量叶面积减少的程度。我发现桉树树叶平均存活 2 年，比在雨林下层测量到的可以存活 15 年的檫树树叶短命得多。但是也因为这个相对较短的叶寿命，让我们至少可以在有经费补助的 5 年里，测量到两次桉树长叶的状况。

结果让人非常震惊，桉树上面的食植侵蚀程度，比我在任何地方测量到的还要严重许多，也比任何科学文献记录的还要严重。遭昆虫攻击的严重度也大不相同，有些树群几乎看不到被啃食的痕迹，但有些树群却严重到完全脱叶。还有几个案例是昆虫会在短短几周内，将桉树的树冠全数啃尽，但因为桉

[1] 学名 *Phytophthora cinnamomi*。

树是常绿树，所以脱叶后会立刻再长叶，有时候第二次、第三次长叶也都会被啃食殆尽。

我也进行了阻止昆虫继续啃食树叶的实验。我小心地在树冠某些部分洒上杀虫剂，然后再将树株喷洒农药的实验组，与完全没有喷洒农药的控制组相互对照，比较两者的成长速率。结果发现没有昆虫的树株比有昆虫的树株，明显要长得强壮、叶面积也更大。

但是令我们惊讶的是，即便昆虫啃食树叶的程度很严重，昆虫也并非杀死所有桉树的真凶。的确，食植行为和许多树木的死亡有关联，但并不是全部因素。我们只解开了枯梢病一半的疑团。看来人类活动的影响，也是一个重要且相当复杂的致病因子。

近几百年来，人类的活动大幅改变了澳大利亚的地貌，也与枯梢病脱不了关系。这些改变包括：针对许多林地大面积地烧荒与放牧（主要是羊，也包括牛）；为了冬季有合适草料而引进欧洲的草种；在土壤里面施加磷肥以帮助外来草种长得更好；原生野草数量锐减，依赖原生野草的生物体数量也随之减少，以及因为大量烧荒后，让原本栖息于树株的本地鸟种数量减少等。

这些改变对自然条件都造成了深远的影响。譬如，羊和牛对土壤的踩踏程度不同、啃食的植物种类不同、排泄后重新回到土壤中的营养也不同，甚至连集中放牧的习惯，都可以给土地带来不一样的压力。虽然牲畜是澳大利亚经济的一大命脉，但是这些牲畜数量之多，又和当地食草动物（树袋熊、沙袋鼠）的食草习惯相异，确实对自然环境造成诸多破坏。还有更糟的是，羊群（还有兔子，又是另外一种人类制造的经济灾害）也会吃掉桉树的种子，使得树种无法再生。

我在澳大利亚郊区研究的这几年，因为研究的地点刚好就在农牧地，因此认识了很多农夫。我那时 29 岁，可能连我的生理时钟都在滴滴答答地催促了。因为对树木的枯死一事都很感兴趣，我和一位当地的牧人愈来愈熟识，最后我在 30 岁时嫁给了他。当时看起来我们就像是天作之合：我是个科学家，想找块有枯梢病症状的桉树的土地；安德鲁（Andrew）是个牧人，有块 5000 多英亩的地，地上的树群正因历经着不同阶段的病害而衰落。他充满活力、热情，有着澳大利亚男人的无穷魅力……在这种乡下地方，单身汉合适的对象也不多。

我们的约会其实就是到他的牧场走走，我会帮他照顾牛羊，有时候我还会帮忙给他的拖车刷油漆。不过爱终究是盲目的（或者说是我那个年纪的荷尔蒙在作祟？），我没发现他没有送我鲜花、珠宝，或邀我看电影约会，也没有那些传统的求爱攻势。

后来，我有个到波多黎各的工作机会，我问安德鲁愿不愿意休息一年，陪我到地球的另一边，这样我也可以在定居下来以前，做做看其他工作。他很坚决地告诉我，他刚离开在首都堪培拉的工作，他答应他父亲这辈子都会待在这块土地上，或许我应该警觉到，在这件事上我们两个几乎互不相让；但是那时候，我对他的爱终究胜过其他事物。

讽刺的是，在我们交往期间，我爬树时出了一次意外，或许就是这个意外给了我想嫁人的念头，也把对未来职业的各种想象抛诸脑后。那天下午，暴风雨就快来袭，我草率地决定爬上一棵桉树，想趁暴风雨来临之前，完成我每个月的取样工作。我比任何人都清楚草率行事、身边没有伙伴时爬树有多危险，所以意外会发生只能怪我自己罔顾自身安全。那时我站在树枝上，在把上升器换成下降用的鲸鱼尾环扣时，我的脚踩空了。我从最后一个样本采集的位置摔到地面上，足足有15 英尺之高。

不幸中的大幸，虽然我身上有多处瘀青，但是毫发无伤（只有自尊心受伤）。直到今天我还是怀疑，我生命中这个意外发生的时间点太巧了，或许就是因为这样，影响了我的判断能力。是这个意外让我想要寻求婚姻的保护——当个妻子，而放弃在某个偏远的丛林，挑战自己做些不平凡的事吗？要是我在澳大利亚学术界有位女性导师，我的决定会不会不一样呢？女人在面临中年和职业转变期时做出的决定，就和枯梢病一样复杂，原因不会只有一种。

不管是什么原因，想到我可以在后院打造一个研究的实验室，我就天真地嫁给了一个澳大利亚乡下的牧人。我母亲听到这个消息时哭了，她的女儿到底是有多不理智，竟然选择待在澳大利亚乡下，离故乡十万八千里远的地方，和自己亲爱的朋友及家人相隔一片大海。

就像我一开始决心攻读博士一样，我对婚姻也充满浪漫的想象，身边亦没有任何当地的女伴一起谈心。我走入婚姻时，相信未来自己与丈夫一定可以在家庭和工作之间好好沟通、取得平衡。过了好多年我才发现，横跨在我们之间的那片海有多大，文化的差异就有多深。

留在澳大利亚这个决定，不但对我个人的生活来说，是一个重大的抉择，而且影响了我的职业生涯。我并没有在完成博士后的研究工作后，进而接受波多黎各的长期工作机会，而是申请延长博士后的研究计划，为的就是要继续待在这片土地上，调查树木的衰落和死亡。

我必须向我的同事哈尔说明我的决定。在我接受安德鲁求婚那天，哈尔正好要去南极洲研究 3 个月。我赶到当地的机场，在他登机前给了他一个大拥抱。他向来都是一个很温暖、很感性的人，但是被我抱完后，他脸上震惊的表情吓到我了。他把我拉到一旁，偷偷告诉我，其实他脖子上缠绕了一条赤腹伊澳蛇[1]，是要私自带给在悉尼的同事的。看来以后

[1] 学名 *Pseudechis porphyriacus*，眼镜蛇科。

我要拥抱两栖爬虫学家前，最好先问清楚再抱！哈尔听到我要结婚很替我高兴，我们也都很开心未来可以一起继续研究枯梢病。

我的5000英亩研究实验室完美地囊括了砾石地、修剪整齐的放牧牧场，还有一片片硬叶林地。我们的牧场叫作红宝石山庄，是在牧场附近山丘地发现石榴以后就此命名的（不过我也觉得这名字可以形容夏天夕阳西下时，土地上映照的美丽红色）。我很享受牧场的宁静，除了山鸦（一种长得像乌鸦的鸟）嘶哑的叫声和喜鹊的鸣叫以外，有时候好几天都不会有人来打扰我。我煮饭、缝衣服、写作、在干林地里面走走看看。我也尝试不同实验，像是在不同树苗上隔绝昆虫、研究原生树种和非原生树种的再生能力。我对抗过干旱、野兔、火灾，看着这片土地上我最爱的树，因为自然以及非自然的灾难死去。

我嫁为人妻后的第一个家，是一个前牧场主人的木屋，安德鲁以前总说，那房子可是房地产商人的梦想——充满可能性、几乎什么都还没打造好。套句门外汉的话，那就是简陋的意思。不过至少厕所的管道是通的，但是那凹凸不平的油毡地面，到了冬天实在冷到不像话（跟澳大利亚沿海不一样，我们冬天可以冷好几个月，有时候还会下雪，因为我们刚好在大分水岭的最顶端，海拔高4500英尺）。除此之外，我们还有一个全是橘色橱柜的厨房、一个加了纱窗的储肉间（本来是用来挂羊肉或是牛肉的），生活的风格也非常简朴（换句话说就是没有中央暖气、没有空调、没有洗碗机、没有窗帘、没有衣柜、没有阁楼、没有地下室、没有灯具）。但是，往好处看，我们可是拥有了一般新婚夫妇没有的东西：我们有一条 300 英尺长的车道、一个 100 英亩的后院、一个超大狗舍、一个剪毛棚，还有脚边不断放送的微风、一群守护我们家后门的丽蝇[1]。我们珍惜这些美好，对那些不足则是一笑置之。在如此偏僻的地方生活，刚好给了我足够的时间，独自坐下来写补助报告或是分析数据，这些事情都是科学家生活中很重要的一部分，却很少被提及。我费了好大一番功夫，希望让我们的第一个家变得更舒适、可爱——我把地板拆开后又重新铺过，粉刷了屋子，加装了灯具，贴了壁纸，做了窗帘和枕头，然后利用各种东西做装饰。我在整理家里这一块儿做得很认真，我也很有勇气跟实验精神做各种尝试，努力把这个木屋变成牧人的天堂。

离我们最近的小镇是沃尔卡（原住民语中意为“水坑”），离我们的木屋大概有 10 英里。沃尔卡有四间酒吧、一间杂货店、一家邮局、一家药局、三家银行，还有三家农牧商品买卖所（牧人都在这里卖羊毛、买羊用的驱虫剂或是其他补给品，来这里也可以顺便看看其他人都在做什么）。银行很重要，因

[1] 澳大利亚人称为 blowies，学名 *Lucilia cuprina*，双翅目，丽蝇科。

为人们必须看天气跟市场价格吃饭，必要时得跟银行借钱或是存钱；酒吧也很重要，因为乡下得有个地方，让人们为经济状况饮酒高歌或是举杯啜泣。我的牧人丈夫说，最重要的两个地方就是银行跟酒吧了，这两个地方就是郊区小镇的支柱。沃尔卡的医院有 54 个床位和一位全职的医生。我的两个小孩都是这位全科医生接生的，虽然他没有穿着医师袍，但是我对他的医术非常有信心。我在沃尔卡生活了 8 年，结识了许多好人，那些友谊我是会一辈子好好珍惜的。

我记得新婚的前几周，有一天晚上我被窗外的枪响吵醒。安德鲁一心一意要保护自己的妻子，便马上跳下床，开着卡车去追开枪的人。但因为一时怒气上来，他只穿了一条内裤就开车追人去了。可想而知，他逮到开枪的人时，必须承受多大的屈辱下车跟那些人对质。原来枪声是那些射杀澳大利亚野犬和狐狸的盗猎人开的。后来我在酒吧只是稍微谈到了这件事，全镇的人就都马上知道了这个赤裸裸追捕盗猎者的故事，我发现小镇“电报”（我对八卦流传的戏称）在我们这块区域的效率真的是很高。

我在厨房洗碗时，视线都会越过我们家围起来的小花园，看向远方的一片广阔土地。虽然山上常常起风、雨水常常不够，但我还是好喜欢这片多姿多彩的郊区景色。我眼前的风景十分多变，比如：草地因为雨水量的关系，会微妙地在黄色、褐色、绿色之间跳转；羊群时隐时现，偶尔看不到羊

缎蓝园丁鸟，澳大利亚雨林的花花公子。它将一系列的蓝色对象，包括晾衣夹、蜗牛壳、花朵，以及乐高一类的蓝色塑料玩具等，全部陈列出来，以视觉的引导，吸引雌鸟走进它以树枝打造的凉亭。我在澳大利亚雨林研究的11年里，园丁鸟也是我的常伴。绘图：芭芭拉·哈里森

群时，整片山地静悄悄的，但是春天羔羊一出生，就是可以听到此起彼伏的羊叫声；地平线时而清晰，时而迷蒙，全都取决于远方的灌木草堆有没有起火；还有令人燥热难耐的热浪，与清晨时点点凝结的露霜；就连每天日出日落的风景都不一样。

常常陪在我身边的，是一只叫作约克（Jock）的缎蓝园丁鸟[1]，它好像很坚决地要在我家花园里找到一个伴侣。这种鸟类在求偶的过程中，会以树枝搭建一个凉亭，并在上面装饰蓝

[1] 学名 *Ptilonorhynchus violaceus*，风鸟科，也称花亭鸟。

色的东西，以此向雌鸟求爱。园丁鸟也被称作森林里的花花公子，几乎只有在雨林和它们自己的窝附近才看得到它们的踪影。它们会寻找蓝色的东西（花朵、莓果），然后装饰在求偶用的凉亭上。在我们家花园的约克呢，对所谓的蓝色东西它有自己独特的见解：我们家的晾衣夹、几块乐高零件、从垃圾桶里面找到的蓝色吸管。其实我自己在昆士兰雨林的时候，也看过园丁鸟拿福斯特啤酒罐（包装也是蓝色的）来装饰凉亭。看到大自然受到人类活动的影响，令人不免伤感。

即便是新婚，我还是把研究枯梢病当作正职。我和先生很尊重彼此的工作，而且也都很喜欢彼此的工作（不过这都是孩子没出生以前的事，后来这份美好的尊重，在小孩出生后，因为外力被永远地破坏了）。

我们家的牧场离大学大概有一小时的车程。这距离对于安静的乡间小路来说，非常好开，而且我每趟出去都是计算好的，我会在大学的实验室和图书馆待上好几天（加上买些家用杂货），剩下时间就是在家里，待在我的牧场实验室，或是在我们偏僻的木屋里写作（还有当人妻）。有一天早晨发生了一件令我特别开心的事，一起床我就听到树袋熊在啃食我们家前门的那株缎带桉[1]。我还爬到树上，拍拍那可爱小家伙的屁股，因为它昏昏欲睡，根本就不理我；而且它眼中除了树叶以外，

[1] 学名 *Eucalyptus viminalis*，桃金娘科。

对其他事情一点反应都没有。

面对枯梢病，树袋熊算是很无辜的被害者，许多当地的农人都看到了树袋熊在树上，也注意到了树株不断死亡。就因为树袋熊吃树叶，自然会让人联想到，或许树株会死，就是树袋熊的关系，但事实根本不是这样的。树袋熊的数量不多，在新英格兰高地上的分布也不甚均匀；再说了，澳大利亚的桉树有 550 多种，甚至更多，但是树袋熊只吃其中的 6 到 8 种树叶而已。你还会听到有人半开玩笑说，要提供赏金猎杀树袋熊，拯救可怜的桉树。但是，我们的研究很明确地指出，啃食树叶的主要是昆虫，几乎没有树株是因为树袋熊死掉的。

即便如此，在枯梢病的研究中，树袋熊的定位还是充满争议的。很难说在澳大利亚人眼里，到底是树袋熊比较重要，还是桉树比较重要。这两者对于澳大利亚郊区来说，都是不折不扣的代表，所以不管把矛头指向谁，都会引起一片哗然。想到树袋熊不需要为枯梢病负责，我就放心了。不过，我想比起使用暴力手段来减少树袋熊的数量，澳大利亚人应该还是宁愿树死光吧。

花了 3 年的时间测量桉树树冠后，哈尔跟我终于收集到了足够的数据，可以直指昆虫和枯梢病之间的关联。这种昆虫就是美国的六月金甲虫，在夏天特别活跃，不过澳大利亚的夏天是 12 月（不是 6 月），所以在澳大利亚六月金甲虫就被叫作

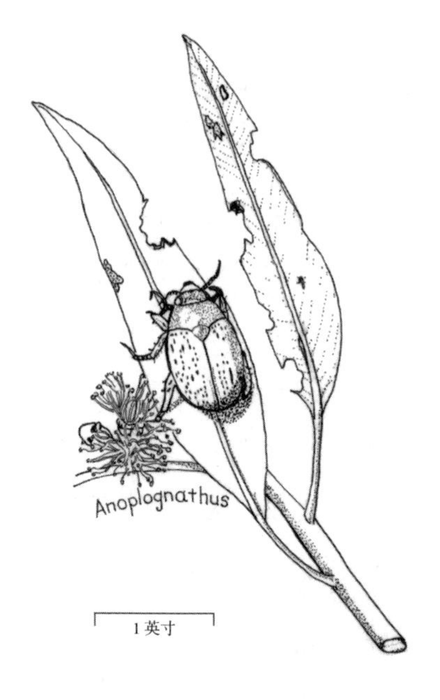

圣诞金甲虫是一种食量极大的甲虫，造成东澳大利亚上百万棵桉树的死亡。人类的农业活动也提升了这种甲虫的存活率。绘图：芭芭拉·哈里森

圣诞金甲虫[1]。每年夏天，这种食植昆虫的幼虫开始出现在土壤中（我们猜测它们也会啃食根部），成虫后便大量啃食桉树树叶。因为上百万只金甲虫啃食树叶的声音太大，有好几个晚上我根本就睡不着，有种震耳欲聋的感觉。

讽刺的是，正是因为人类对地貌带来的影响（譬如引进外来草种、牲畜踩踏林荫附近的土壤），让这种金甲虫的幼虫有了生存的环境。因为开垦的关系，这种食植昆虫可以啃食的

[1] 学名 *Anoplognathes sp.*，鞘翅目，金龟子科。

树株数量越来越少，幼虫的存活率却越来越高。圣诞金甲虫的虫害一年比一年严重，就我的记录显示，每年被圣诞金甲虫啃食的叶面积高达 300%，也就是说，某些树如果在一年内三次长叶，三次都会被啃食掉。这样的虫害，加上间歇性的干旱、土壤侵蚀加剧，以及其他因素的偕同效应，才会导致树木严重衰亡。本质上，圣诞金甲虫虫害算是一连串环境扰动之后，压垮骆驼的最后一根稻草，以至于连最强韧的树种都无力回天。

在这片土地上的生活有笑有泪。澳大利亚有个说法，说农夫只有在发牢骚时，才会觉得称心如意，不管是抱怨雨下得太多或太少、草长得太密或太疏，还是卖羊毛扣的税太多或太少，连新生的羔羊太大或太小都可以抱怨。看来为了适应澳大利亚如此严峻的自然气候，这里的地主必须学会容忍很多事，连个性都得跟着改变。我先生面对豢养牛羊这样的工作时总是很乐观、坚忍不拔，对于这样的他，我也非常尊敬。

我们在 1983 年结婚，适逢 25 年来最严重的干旱。婚后的第二天，大旱刚好结束，我们到东澳大利亚外海的豪勋爵岛上度蜜月，从头到尾都下着倾盆大雨。我永远忘不了我们那时搭的那架小飞机，在狂风暴雨中摇摇晃晃，就连机长都在为我们祷告。到了岛上之后，雨还是一直下，我们在雨中潜水，在雨中骑脚踏车，在雨中爬山健行——我承认那次的蜜月让我非常失望。但是我的牧人丈夫，本质上有个内陆的灵魂，他看到雨非常开心，也等不及要回家看看草长得怎么样。

不管天气是好是坏，乡间居民绝不会马虎对待的有几件事：婚礼、洗礼仪式，还有每年举办的赛马。每年我们这一区，都会有一天是特别的赛马日，称为吉邦赛马日。这一天表面上是个赛马日，但说穿了就是大家要趁着这个日子一起野餐、一起把酒言欢。赛马一注是五十分，不过大多数的人都没有在看赛马。每个人野餐的食物都准备得特别丰盛，有香槟，有鸡肉，还有女人穿戴着自己最漂亮的衣服跟帽子到处显摆，而且一定要推婴儿推车（在我们这块区域，生小孩大概就是一个女人最重要的成就）。男人们则是在一旁喝啤酒，讨论羊毛市场行情还有天气。女人们通常都是喝葡萄酒（中产阶级的人称它"纸板城堡"[Chateau Cardboard]，就是以一加仑的带塑料嘴的纸板箱来装葡萄酒，然后聊自己的孩子，聊自己的先生工作有多辛苦。

我跟安德鲁都很喜欢吉邦赛马日，这一天我们可以跟年轻的朋友一起饮酒聊天。平常大家都在忙着照顾牲畜（古怪的我，则是忙着做研究），彼此根本就碰不上面，我每年都会被赛马日的盛况吓到。我们坐在草地的中央，旁边就是尘土飞扬的赛道和破旧的棚子，酒则是装在塑料杯里卖，我们的野餐总是少不了上百万只丽蝇做伴。还有人戏称，帮别人把脸上的丽蝇赶走的手势，是"澳大利亚式敬礼"。我们总是很勤快地挥动着手，尽量不让丽蝇飞到酒杯跟鸡肉上面。但我相信，我的消化系统，多多少少也因为我不经意地吃下了几只丽蝇，变得更强壮了。

澳大利亚内陆的苍蝇，大概是我见过的最顽强的寄生虫，它们不仅袭击我烤过的每一片烤肉，也常常害得羊群大量死亡。丽蝇会入侵羊身上的伤口，或是较不干净的地方（像是生殖器），然后在那些地方产卵。卵一旦孵化，就会开始以宿主羊的腐肉为食，如果不赶紧以强效的化学药剂处理，被感染的羊很快就会死掉。这是羊非常常见，也是最怪异的死法。基于环境卫生以及经济的双重考虑，澳大利亚遗传学家也开始培育较能抵挡丽蝇侵害的美利奴羊（merino sheep）[1]。

丽蝇不仅滋扰羊，也给人们的家庭生活带来困扰。在家里，它们会停在小孩、食物、湿衣服或是毛巾上面，如果厨房桌上有一块肉忘了盖起来，不出几秒马上变成蛆宝宝未来的温床。接下来这段描述摘自查尔斯·梅雷迪斯（Charles Meredith）女士于1884年出版的《新南威尔士随笔手记》（*Notes and Sketches of New South Wales*）：

丽蝇扰民

苍蝇也让人很困扰。成千上万的苍蝇盘踞在每个房间，只要食物送上来，餐桌马上变成一片黑。一如往常，它们在奶油、茶、葡萄酒，还有肉汁上面嗡嗡作响，恶心至极。

[1] 为基因改造品种。

就连澳大利亚用语都被苍蝇攻陷，许多鲜明的譬喻都和苍蝇有关。好比说“跟苍蝇喝酒”就是一个人喝闷酒的意思，“飞来”就是不速之客，“像冬天的苍蝇一样有活力”指的则是懒散的员工（还有很多其他例子）。大致上来说，澳大利亚人对这块土地上的很多生物都不怎么喜欢，“会咬人的”这个词，可以用来形容澳大利亚野外的很多生物，像是蜘蛛、牛蚁、蝎子、苍蝇、僧帽水母、蚊子，反正就是任何一种会螫人叮人的动植物。

很多乡下俚语也跟动物有关：“鸸鹋的早餐”是诙谐地形容一个人只要有酒喝，一切就都变得美好了；“朝该死的乌鸦丢石头”是很惊讶的意思；“伞蜥蜴”被用来形容胡茬留满脸的人；说一个人“口袋里有条南部棘蛇”，代表那个人肯定很小气；“麻雀屁”就是指黎明前。乡村俚语非常丰富，而且充满想象力。

我的澳大利亚先生和他的爸爸两个人一起照顾羊群，每天面对的挑战有干旱、野火、羊被丽蝇感染，还有世界羊毛价格毫无预警的变化。男人的工作主要就是赶羊、数羊、检查羊、帮羊灌药（抗生素），还有剪羊毛。女人多半则是负责家务：煮饭、缝衣服、做家事、买家用、照顾小孩。

我们牧场羊少的时候，可能只有 5000 只左右（冬天时期）；羊多的时候，数量可以高达 15000 多只（早春羔羊出生期）。而且，新点子和老问题总是交织在一起，完全马虎不得。有一年我们试做了一种羊穿的大衣，这是给刚剪完毛的母羊穿的，这样羊生产的时候才不会被冻僵。但是我们很快就放弃了这个发明，因为很多母羊穿上这种塑料雨衣躺在草地上后，根本滑溜到爬不起来；还有更惨的，有些羊因为穿了大衣之后，身体更暖了，所以产小羊的时候自然不会找暖一点的位置，导致小羊出生后失温而死。

牧羊生活最令我难忘的就是剪羊毛。红宝石山庄每年都会有两次剪毛期，第一次是 2 月的时候，给阉羊和公羊剪毛，第二次是在 8 月的时候给母羊剪毛。剪毛棚是整个牧场的中心，这不仅指其所在位置，而且指其对各种活动和传统来说也极为重要。

剪毛棚的墙是镀锡的，再加上一个铁皮屋顶（下雨的时候根本没人能听得清对方在说什么）。里面的桉木地板，每天都有上千只羊边走边“抛光”，充满丰富羊毛脂的羊毛，也让地板多了一层光泽和一点特殊的味道。

我们的剪毛棚有 7 个剪毛台（也就说可以有 7 位剪毛师傅同时替羊剪毛），所以我们的剪毛棚算是大型的。整个剪毛棚是架高的，一楼底下是个很大的空间，雨天也可以把羊赶到这底下躲雨。剪毛前，羊会先被赶到不同剪毛台的通道里，剪完毛后再从旁边的斜槽，把羊推进后方的畜栏里。剪毛对所有的羊而言都是一件很恐怖的事情，被剪毛的羊吓得不断咩咩叫，牧羊犬不断狂吠，剪毛师傅也不时破口大骂。一台又大又旧的液压打包机，在一旁铿铿锵锵、轰隆作响，把羊毛压缩后包装，方便后续的运送跟买卖。剪毛季都会听说有人在处理压缩机的时候，手臂不小心被尖锐的叉脚轧伤了——非常恐怖的意外事件。

我们的剪毛师傅没有一个是女的，可能也是因为工会严苛的规定吧。要是剪毛台上出现难得一见的女人，她们通常都是剪毛师傅的太太。即便有少数几个女人在工作，她们能做的事情也很有限，只能做些杂工（扫地）或是拣毛（把羊毛里面的脏东西挑出来）。剪毛师傅形形色色、什么样的人都有，每年这个时候，又高又壮的男人通通涌进我们这块区域，的确让牧场风光增色不少。有些师傅是固定的熟面孔，但是很多都是从新西兰或是西澳大利亚过来的临时工。

剪毛师傅的生活形态有点像游牧民族，他们的工作非常辛苦。如果剪毛师傅这次赚够钱了（薪水是以剪了几头羊的毛来算的），通常就意味着他的腰闪到了，或是关节炎又发作了。如果剃毛时不小心把羊弄伤，还得自己帮羊缝好伤口。而且剪毛师傅领薪水的当天，很容易把钱败在当地的酒吧里。在剪毛季时，我们常常在半夜被吵醒，去帮剪毛师傅把陷在路旁泥沟里的车子拖起来。虽然看起来缺点很多，剪毛师傅这个工作还是很浪漫的。剪毛季也让我们的牧场变得更有朝气和活力，好像连狗都闻得到空气中那股亢奋的气息，跑起来也比平常更欢快了。

上千只剪完毛的羊，一只只待在羊圈里，看起来瘦得皮包骨。剪下来的羊毛以种类分好，一捆捆地装上大卡车。分级工大概是剪毛季里最重要的人物了，他要负责判定羊毛的质量，然后将它们分门别类。质量最好、最细致的羊毛是顶级AAA，接着就是AA、A，最差的就是边坎毛（劣质毛）或是碎毛（带点颜色或是羊屁股附近剪下来的“结块的”羊毛）。

虽然市场的需求决定羊毛的价格，但也得看羊毛的洁净度以及纤维直径（以微米计算）。因为我们养的是美利奴羊，所以羊毛的纤维直径平均有19微米，属于优质羊毛。20世纪80年代中期，这种羊毛很受欧洲服装商的欢迎，卖出的价钱也比较高。相较之下，像边坎毛那样颜色不纯、质量较粗糙的羊毛，每包价钱可能连普通羊毛的一半，甚至三分之一都不到。比较粗糙的羊毛，通常都会被拿来做地毯。

我们的羊毛都是送去纽卡斯尔拍卖的，而且我很喜欢看拍卖会进行的拍卖。拍卖会是很重要的社交活动，这一块区域的牧人几乎都会带着妻小来参加。如果拍卖进行顺利、竞价激烈，投标人出价高，那牧人一家就会开开心心地去买新衣服、添购新的厨房用具，甚至给家里的客厅换件新家具。通常负责花钱的都是女人，男人则会去当地的酒吧庆祝一番。如果当季羊毛价钱卖得不好，大家就会在酒吧或是在羊毛买卖商举办的派对上互吐苦水。

我们家牧场是我公婆在经营，账本也是他们在管理，所以我从来没有像那些管钱的人那样，因为羊毛的价格，心情而有所波动。我很喜欢看我婆婆兴高采烈地跑到当地高档的居家用品店，买些漂亮的厨具、水晶摆饰或是可爱的小物件等等。牧羊生活的经济收入，就像乘坐云霄飞车一样，时高时低，而且还需要一点赌徒的精神，才有办法承受那些起起伏伏。

枯梢病的问题就像羊毛市场一样，也充满情感纠葛。你该如何对一个深爱着自己的土地，又担心树木的牧场主人说“嘿，你的树会死都是因为你豢养动物的方式有问题”？没有牲畜他怎么生存？但他也希望树木可以保护他的土地、为他的牲畜提供庇荫啊。要把土地使用的问题和枯梢病联系起来并不容易，因为并没有短期的实验证明两者有确切关联。要了解致使树木衰亡的真正因素，就必须在这块土地上长期观察，并尽可能收集更多数据。

研究枯梢病展现了多重因子的加乘效应，要研究的不是牲畜、昆虫、桉树的树叶，而是整个生态系统。要全盘了解如此复杂的生态系统，探究其中这么多物种和它历经的变化，在短时间内是不可能做到的。因为缺乏长期的研究，我们对生态系统的了解可以说少得可怜，像澳大利亚枯梢病这样的问题，也仅是诸多未解的环境灾难里的一个例子而已。如果我们不断地改变地球的自然条件，像这样的环境难题只会愈来愈普遍，但是要解决这些问题所需的时间，远远超过人类的耐心，也超过许多科学补助金的有效期限。

通常人们会选择短期的改善方法，但是几乎没什么成效，譬如面对枯梢病，我们可以在树上喷洒杀虫剂，杀死圣诞金甲虫，但是这样做不但费用高，有效的区域也很有限。此外，很多牧场主人也会选择为土壤施加磷酸盐（通常是大面积地空洒磷肥），但是这个方法所费不赀，对下游的水质也可能造成严重污染。较长远可行的做法包括在多处复育原生种树林，增加原生草种的牧草地面积，但这些以生态学为基础的解决办法，就短期来看，耗费也相当高。

婚姻生活的第一年，我相当享受科学研究和人妻家务两头跑的挑战。我把这两件事情都视为科学，我一边观测大自然的现象，一边则是在家里什么事都自己动手做。我会固定到大学那里待上两三天，读文献、分析数据以及和我的同事交流（全都是男的，无论是研究生还是博士后，没有一个是女的，动物学系的教授都是男的，其他系所也几乎看不到女性）。

我也会利用到镇上的这几天进行采购，我已经练就一身本领，可以在最短的时间内买好粮食、工具，还有家里需要用到的五金用品。我也学会了在蜿蜒的道路上飙车回家（说来汗颜，没有撞死袋鼠真是走运），只为了让我先生在羊圈里挥汗如雨工作一整天后，回到家，桌上就有热腾腾的饭菜。在乡下地方，男女分工是很明显的，虽然我很认真工作，但是我也坚信自己应该尽好牧人妻子的本分。

我设计了一套菜单，可以让我从镇上回到家后，在一小时内迅速地端出美味好吃的家常料理。在家写作的时候，我就会改煮分量更充足、菜色更丰富的大餐。我努力让家务和工作之间取得平衡，连厨艺都跟着精进了，我愈来愈会煮咖啡，还会至少 100 种烹饪羊肉的方法（我想应该有这么多吧）。

在羊圈辛勤工作了一天，安德鲁回到家需要吃很多的肉、马铃薯和蔬菜，我觉得准备足够的食物给他就是我的责任。在我身边的朋友和我的公婆的“关注”下，我除了专注在科学上，也很认真地当个家庭主妇。那时我私下觉得，等到我公婆看到我的表现，发现科学研究并不会让我减少对家务的关心，他们就会支持我从事科学工作了。

然而在乡村小镇过了一年的婚姻生活后，我发现投注在科学上的精力，真的会让我严重分心、忽略家务。有首诗（是我妯娌给我的一本日记里写的，或许她是想要委婉地指点我吧）完美地诠释了传统澳大利亚内陆女人的抱负，作者是位叫作拉尔夫·诺斯伍德（Ralph Northwood）的澳大利亚人。

乡下女人

她们是这片土地上所有男人的母亲与妻子，
是煮饭、为你打气、对你伸出援手的女子。
她们的家尽在些偏远荒芜的地方，
是赤日烧得焦热的草原，是隐匿的流水一旁；

她们的价值经历各种严酷的试炼——
所谓的家，就是双脚踩在大地上，
浇湿滚滚尘土的是那得来不易的滴滴清水，
仅从堤坝边的缝隙，收集后一点一点带回。

烤箱里热乎乎的面包正烤着，
外头炙热的艳阳也正晒着。
要照顾牛，还要辛勤喂养牛犊，
有时男人也要她到棚舍里帮忙扫除。

或许还有婴儿得生得养，
但却没有儿童节目哄他们入睡。
婴儿生病的地方，
就是既当护士又当医生的母亲的地狱。

或许住在这简陋小屋里你并不自豪，
或许因为应付干旱、疾病和粮食等问题，
早已让你手头很紧；
但不知怎的，你竟能让小屋像个“家”。
你无私的一生就像首未写的诗篇，
这诗是关于牺牲、爱和那坚毅的力量，
也激励着男人全力以赴，

去对抗季节、对抗害虫、对抗病害——

都是因为你，这些努力奋斗才有价值。

就像枯梢病的病因一样，我和我先生也面临过许多影响我们生活的复杂因素。虽然在我们两个出生的年代，已经愿意给女人更多机会，并鼓励弱势族群争取工作，但是安德鲁为他的父母工作，而他父母的很多想法非常传统。他们真心希望，我跟安德鲁可以和他们一样，在牧场里竭尽自己做丈夫或太太的本分，因为他们就是这样一路走来的。我们有没有办法在这两种互相抵触的价值体系之间取得平衡呢？我们的看法和他们的观念有办法共存吗？还是若没有一方愿意妥协，最后我们就只好败给婚姻里的纷扰和不满呢？生活在澳大利亚郊区的女人必须面对的挫折，被我拿来和这些桉树遇到的病害做了各种对照，不管是哪一边都很难用三言两语带过，不管是哪一边，都没有明确的根由和解决之道。

枯梢病是大规模的生态病害，极其复杂，致病因子很多，虽然这种病害不是人类活动刻意制造的，但是比起助长病害的昆虫、真菌和干旱，人类使用土地的方式和强度，似乎就是最主要的致病因素。20 世纪 80 年代，人们对枯梢病的了解有大幅的进展，但终究找不到永久可行的解决方法。研究枯梢病未果，未来也还有更多思考的空间，研究更亟须大量资金的投入。

那谁要出钱来拯救这些树呢？是那些畜养羊群，间接造成土地退化的牧人吗？可牧人是为了缴税、养家糊口才增加牲畜的数量的。那这样，应该出钱的是政府吗？还有那些观光客和从城市来的访客，他们不想看到焦枯垂死的树木，只想看到春光明媚的郊区美景和健康的桉树，他们该不该出钱呢？我们不用心对待环境、危害生态健康，还忽视大自然正在恶化的迹象，我们每个人都有错。科学家、牧人、农人、经济学家、护林人、土地管理人、政治人物，我们全都应该负起责任，替枯梢病找到治愈的方法，让它不再复发，让垂危的大地起死回生。

第三章

靠近地面的树冠

没错，这是一个伟大的时代；继原子弹后，机器人似乎也名正言顺地出现了，他们说，机器脑不过就是复杂一点的反馈系统。工程师们已经弄懂了它的基本原理；你知道，就是机械自动化，没啥好迷信的；而且只要有想法，总是可以从根本上再去改良。嗯，或许他们是对的吧，我想这也是为什么，我会坐在这里……怀念那些小鸟还有蓝山[1]。我的桌上还有另一篇文章，标题是《机器愈来愈聪明》，我不否认，但我还是跟小鸟为伍好了，我相信的是生命，而不是机器。

——罗伦·艾斯利（Loren Eisley）著，

《无垠的旅程》（*The Immense Journey*, 1946）

---

[1] 位于澳大利亚悉尼附近的旅游胜地。

在森林里，昆虫就像细沙，几乎看不见，也很难个别观察。大树上交错密布着树叶和树枝，就像迷宫一样，一个人怎么可能有办法跟着毛毛虫到处探险呢？小鸟在树枝间跳动，停在叶子上的幼虫被震得掉落下来，那它的下场又会如何呢？错综复杂的雨林，不可能有这些各式各样的假设。

既然在高耸的树冠里找不到解答，我只好拜访地面上相对单纯的树冠系统：珊瑚岛上的伏地植被。在我的博士以及博士后研究生涯中，我有幸参与许多珊瑚岛上的研究计划。我协助博士班的同学研究珊瑚礁，他们回报我的方式是陪我到雨林里爬树冒险。

澳大利亚的大堡礁，沿着昆士兰海岸线，从托雷斯海峡一直到碉堡岛绵延将近1600公里，20万平方公里的珊瑚海里全是珊瑚礁和岛礁。这些珊瑚岛，也称作珊瑚礁，这些珊瑚礁分区独立生长，结构和植被都非常单纯，譬如孤树岛（南纬23°30′，西经152°8′）常见的植物物种只有21种，其中包括岛上128株银毛树。这是种常绿、伏地的灌木丛，分布区域横跨印度洋－太平洋地区，从东非到东印度群岛都可以看到它们的踪影。银毛树也是普三色星灯蛾[1]食植幼虫唯一的宿主树，树上全年都可以看到毛毛虫，数量非常多。除此之外，很多偏远的珊瑚岛上都可以发现银毛树，对于喜欢看毛毛虫这类特殊景致的人来说，简直就是超棒的天然实验室！

凡是领固定薪水的人，都有自己的退休计划，身为一位树冠生态学家，我的退休计划就是研究种子和灌丛。如果我可以开始培养对地面植物的兴趣，等我老到没办法爬树时，至少我的研究还可以有第二春。

船驶出格拉德斯通港时，空气仿佛凝结了，充满不祥的预兆。诡谲的乌云垂挂在天际，金黄色的落日余晖穿透云层，海鸥的叫声划破这股沉重的静默。我们不发一语、情绪低落地站在甲板上，担心就这样驶向飓风是否安全。马克斯（Max）船长向我们保证，飓风向东移动的速度比船快多了，只要它的方向保持不变，我们就可以如期在 10 天内，造访 8 处珊瑚礁群，勘查 6 座无人的珊瑚岛。

离岸风让海水变得汹涌，第一个晚上我待在船首底下的上层卧舱里，幽闭恐惧症都要发作了。晚餐是油腻的鸡肉，再加上从船舱地板上弥散开来的旧布鞋气味，终于让我忍不住吐了第一次。我的科学家同事们，几乎也都没办法忍受重口味的

[1] 学名 *Utetheisa pulchelloides*，灯蛾科。

晚餐跟汹涌的风浪。远处厕所传来的阵阵呕吐声，更加重了我的不适。

我们的船“澳大利亚号”连我总共载了15人，全是科学家和助理，专长也不尽相同，我们之中有鸟类学家、藻类学家、地质学家、两栖爬虫学家、海洋生物学家，还有植物生态学家。我们的任务是到大堡礁最东南端的斯温群礁，记录那里的植物区系以及动物区系。

斯温群礁的岛都是无人岛，不过其中一个还留有原始部落的遗迹，另一个岛上则有简易的气象观测塔。以地质年代来看，这些礁岛还很年轻，正历经不同阶段的生物繁殖，从没有固定植被到簇拥多达11种植物的礁岛都有。每年动物的数量都会在海鸟筑巢的那几个月暴增，因为海鸟的粪便让土质更营养，幼鸟的尸体也增加了生物量。

对大多数珊瑚礁岛上的植物来说，鸟类也是帮忙播种的主力，一旦植物开始生长，食植的昆虫也会跟着出现。

这次勘探的领队哈尔博士已经在斯温群礁海域调查海蛇的数量超过15年了。他和他忠诚的博士班学生，花费很多心力追踪海蛇，捕捉以后再以无痛的冷冻技术，在它们身上做标记，每年他们都会回到这一带，再次测量海蛇的重量和记录海蛇的数量。通过这种标识再捕法，他们发现海蛇的地域性和活动范围相当固定，事实上，一条海蛇可能一辈子（10年，甚至更久）都在同一块块礁上栖息！

海洋生物学就像树冠层的研究一样，也缺乏有效的方法来记录各种生物（在这里则是指海洋里的生物）的生命现象。20 世纪 50 年代水肺潜水的发展，让我们对海洋鱼类、珊瑚礁和海蛇的了解，有了大规模的进展（就像 1980 年单索技术和树冠步道的发展，让树冠层的研究大幅突破以往的成果，因而其常常被拿来和水肺潜水的发明做对比）。因为现在潜水是司空见惯的事，所以生物学家已经可以顺利地记录海蛇的数量，观察海蛇以及它们的栖息地了。

据说蛇类是所有爬虫类中最晚出现的一群，是演化自侏罗纪晚期（超过 1 亿 3000 万年前）的某种蜥蜴。而眼镜蛇科的毒蛇除了地域性很强以外，还有中空的毒牙。另外还有现代的海蛇，因为演化的时间很晚，所以连化石都没有。就目前现有的 15 大蛇科中，有 4 科拥有海洋种，其中包括了 47 种真正的海蛇。水温决定海蛇分布的位置，通常只有在温暖的热带和副热带水域才看得到海蛇。和其他爬虫类一样，蛇类主要有两种生殖方式，一种是产卵的卵生，另一种是直接生出小蛇的胎生。我们研究的剑尾海蛇[1]是胎生，而且毒性非常强。

海蛇适应环境的方式和它们在陆地上的表亲不同，在海里必须要能够排除多余的盐分，以提供身体足够的淡水跟氧气。海蛇需要用与陆上物种不同的移动方式，以及不同的感官

[1] 学名 *Aipysurus laevis*，海蛇科。

机制，才能捕食、寻找伴侣和拓展地域。海蛇捕食的时候，会先在海底缓缓地游行，边游边把舌头伸进珊瑚礁的裂缝里，利用嗅觉侦测猎物。海蛇的视力非常差，有时候运气好，刚好遇到猎物。它们的毒液毒性非常强，一点点便可以杀死实验室里好几只白鼠。为什么这么毒呢？或许就是为了在捕捉猎物时可以一击毙命，使之没有机会逃之夭夭。

此行我都是在负责陆地上的观察和记录（谢天谢地），拿着地图研究植被，然后针对岛上的伏地灌丛进行生态实验。在海上的那些日子，我会协助他们研究海蛇。我承认，要我跟世界上最毒的蛇一起游泳，我真的提不起劲。就算海蛇的视力再差、大多数的时间里都不具攻击性，但有时候潜水员稍不注意，蛙鞋不小心扫到海蛇，都有可能立刻被咬一口，而这一咬便足以致命。海蛇的毒液比东方的菱形背纹响尾蛇还要毒上许多。毒液的解药不是没有，但因为解药可能会造成严重的过敏性休克，所以用的概率不高。如何处理蛇咬的相关书籍也是少之又少，更别提我们现在可是离岸的，离我们最近的医院也远在 100 公里之外。

为了测量、记录海蛇的状况，我们勇敢的队友缓慢且小心翼翼地在块礁之间潜行，以手上的蝴蝶网熟练地捕捉正在悠游的海蛇。被抓到的海蛇会被放进橡皮艇上的塑料桶里；一旦进到桶里，海蛇就开始变得暴躁无比，感觉毒液随时都要喷发一样，离开水的感觉让海蛇们非常不爽。每过几小时，橡皮艇上的塑料桶就会被带回船上。哈尔在甲板上把蛇一条一条抓出来，测量海蛇的长度跟重量、记录编号（编号在腹部那里，看起来像刺青），再把它放回海里。如果是还没有编号的蛇，就以冷冻技术给它一个新号码，然后再把号码加进海蛇的数量统计里面。

1 月 20 日，我自告奋勇下水帮忙捕捉海蛇，那时候我还没当妈妈，如果已为人母，大概就不会这么大胆了吧。我们到了神秘岛附近，连这名字都已经暗示这是场冒险了，我佩戴好潜水的装备、拿着蝴蝶网，下水准备抓海蛇。就当我很紧张地盯着珊瑚礁看时，一群蝴蝶鱼从我旁边游过，它们身上黑黄相间的绚丽鳞片映照着阳光，像珠宝一样闪闪发亮。

珊瑚礁壮观又多姿多彩，从软珊瑚类的鹿角珊瑚，到体积硕大浑圆的脑纹珊瑚都有，美得令人窒息。但那天我根本没有心情好好欣赏。我是有任务的，我的双眼四处搜寻海蛇的踪影。有些块礁上海蛇栖息的数量很多，有些则根本没有，这也是两栖生物学家想要研究的，到底为什么会有这种差异呢？是食物的供应量吗？跟捕食者有关吗？还是跟珊瑚礁体积有关呢？

可能是好运吧，下水没多久我就看到一个细长的棕色影子，慵懒地朝我游过来。就算我没戴眼镜，还是知道那东西是什么。海蛇看起来一点威胁都没有，但是这个毒性超强的家伙近在咫尺，随时可能攻击我，还是让我感到非常紧张。然而在

我人生中最惊险的时刻之一：和全世界最毒的生物剑尾海蛇面对面接触。绘图：芭芭拉·哈里森

这种情况之下，最安全的做法就是完全不要动。

我傻住了。海蛇朝我游来，在我的护目镜上“亲”了一下，然后沿着我的脸和脖子到处探嗅，这种时候还要保持不动简直是要我的命。我紧闭双眼不敢看，过了几秒后我再睁开眼睛，那条海蛇早就游走了，了无踪影。我不只在水里吓个半死，还连一条蛇都没抓到。后来我回到船上，我的队友全都笑翻了。怎么有人连那么高的树都敢爬，却被一条小蛇吓得魂飞魄散？这问题我也回答不出来，后来他们让我留在甲板上负责其他工作，我才终于松了一口气。

哈尔负责抓蛇并测量，我则在一旁做记录。我们两个工作起来很有默契，而且我很享受在船上的工作。不过这个平和的工作，很快就被意外打断了。那时候哈尔正要把编号 470 的海蛇丢回伊索贝尔珊瑚块礁的海域里，海蛇却在离开哈尔的手的那一瞬间，迅雷不及掩耳地咬了他的手指头。在哈尔研究蛇类的这些年里，他从来没有被蛇咬过，更别说是剑尾海蛇了，那可是毒蛇界中的翘楚啊！

但是哈尔相当有科学研究精神，只见他冷静地把相机跟笔记本交给我，要我按时追踪他出现的所有症状，如果事态严重的话可以当作记录。因为从来没有人翔实地记录过被这种海蛇咬到后的症状，哈尔认为他的失误至少可以记载下来当作教材。我紧张地拍了几张照片，然后我们就继续测量塑料桶里剩下的海蛇。

不过马克斯船长已经注意到船上的骚动了，每个浮潜回来的人，听说哈尔被咬，全都担心地对着他那根可怜的手指头拍照。马克斯有点焦虑，毕竟不管原因是什么，船长都不希望自己的船上出人命。马克斯船长立刻打电话给飞行医疗服务所，要求对方派出一架水上飞机，马上把哈尔载到陆地上的医院。

没过多久，我们就听到远方传来的水上飞机声，哈尔向天空发射信号弹，把天空都照亮了。小型的水上飞机停在船的旁边，哈尔登上去后便离开了。不用说，所有的组员顿时失去了研究的热情，后来大家默默坐在船上，分享哈尔的成就与贡献，还有他为人称颂之处。我们的心情都非常低落，因为我们精神领袖的生命岌岌可危，成了自己研究计划的受害者。晚餐时间很安静，大家那天也都早早入睡了。

黎明时分，我被马克斯船长雀跃的说话声吵醒了，赶紧冲到甲板上，想知道哈尔的情况。每个人心中的大石都放下了，因为哈尔不仅在医院渡过了难关，而且明天就可以回到船上继续做研究。有些蛇咬或许有伤口，但是毒牙并没有注入毒液，看来这次哈尔遇到的就是这种情况（几年后，哈尔伤口的照片，还被放在一本关于蛇类的教科书里；真是万幸，这可是那次意外造成的唯一结果）。我们朝着缓缓升起的朝阳航行，继续我们在珊瑚岛上绝对更安全的陆上研究。

斯温群礁的珊瑚礁岛的名字都很棒——东河之歌、西河之歌、神秘岛、贝尔岛、军舰岛、吉莱特岛、普赖斯岛、甘尼特岛，还有最近才成形的霍华德·帕奇岛，我们 5 个人就曾站在这个面积只有 6 平方米的迷你珊瑚岛上。科学考察最有趣的就是，我们可以率先命名新发现的岛礁，不过 10 年后我已经不记得当初那个霍华德究竟是何人了。在年轻一点的岛礁上，植被几乎都还没发展起来，但我们也尽可能寻找岛上的常驻植物。在老一点的岛礁上，像是贝尔岛或是军舰岛，我们可以看到发展得相对成熟的植被多样性，种类可以多达 11 种。

在森林的三维空间里，毛虫的活动很难观察，因此我利用伏地银毛树灌丛来研究以下 3 个问题：

1. 蛾幼虫在啃食宿主植物时，速度究竟有多快？

2. 这些食草动物如果不小心被树枝干扰因而偏离了宿主植物，还有办法回到原本的灌丛吗？

3. 食草动物对珊瑚岛上植被的生长以及存活率，是否有负面的影响？

银毛树生长在开阔的海滩上，通常集中在高潮线附近，不过有时候内陆也可以看到它的身影。银毛树多半长在露天小岛的边缘，可能也是因为它的种子是利用海流来传播的。事实上，浸泡在海水中是银毛树种子发芽的先决条件（不像多数植物的种子碰到海水就会死掉）。是否有合适的物理环境（风以及海水）、是否有干净的水源和养分，则决定银毛树的存活率。银毛树伏地的生长模式，使得灌丛几乎只有二维空间的形貌，非常有利于我研究毛虫在宿主树上面的一举一动。普三色星灯蛾的幼虫只吃银毛树。

我试着将毛虫从灌丛上移开，想看看它们偏离宿主植物后，是否还有办法找到回去的路。我在 30 只毛虫的背上，涂上有色指甲油作为记号，并以小时为单位，记录它们的行动、食植行为以及休息时间。其中有 10 只毛虫的追踪期，长达 19 天。它们的地域范围、爬行的距离以及啃食过的树叶都被记录了下来。我发现一天当中，这些毛虫有 53% 的时间都在进食，另外 8% 在爬行，39% 则是在休息。或许跟人比起来，这些毛虫花在吃东西上的时间似乎太多了，但是在自然界，食草动物的确比食肉动物更需要不断进食。

普三色星灯蛾的幼虫在 10 天内（幼虫的存活期）平均移动 17 英尺，不过有时候是一整天都待在同一片叶子上。毛虫在移动时，通常会爬过几片叶子才会停下来进食，而且绝对不会停在已经被啃食过的叶片上。科学家发现，若叶片被食草动物啃咬，植物会在叶片伤口附近分泌毒素，以防止叶片再被啃食。因此，昆虫也会自动避开那些已经有破洞的树叶，以尽量

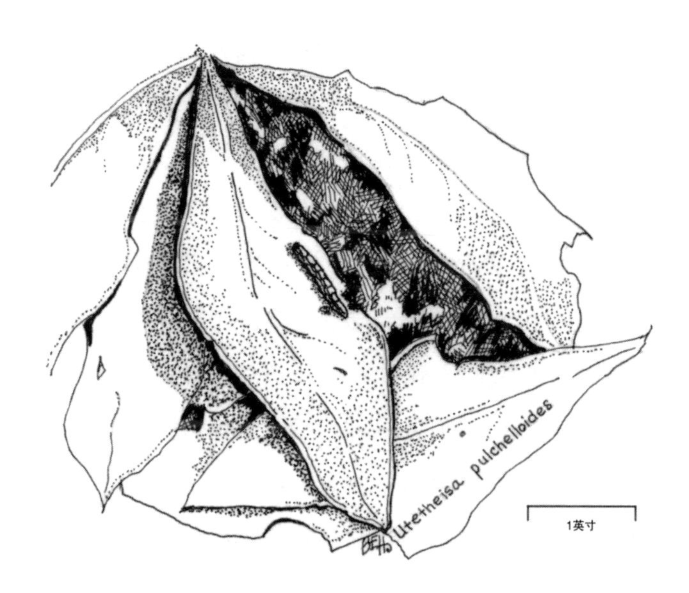

普三色星灯蛾的幼虫。这种长相普通的毛虫专门吃珊瑚岛上的单一灌丛。珊瑚岛散布在洋洋大海中，这种昆虫居然还有办法找到自己的宿主树，真是神奇。绘图：芭芭拉·哈里森

降低它们摄取毒素的概率。

不同岛礁上的幼虫，食植的程度也不同。譬如，在贝尔岛上，银毛树大约被食草动物啃食掉了 18% 的叶子，而孤树岛却只损失了 2% 的叶面积。每座岛礁的毛虫数量和银毛树数量也不一样。大抵上，随着昆虫数量的增加，食叶量也会跟着增加。在典型的虫害爆发时，昆虫的数量最终会超越食物的供给量，植物会因此面临完全脱叶，甚至是死亡的命运。若是在昆虫的生活范围里，赖以为生的植物局部性地绝种了，或是出现捕食者、寄生虫等，昆虫也会灭绝。

岛礁、岛屿或是其他独立的生态系统，究竟是如何发展出自己的生物族群的，科学家到现在还是有许多疑问。譬如，生物数量是否有最低和最高的临界点呢？植物跟昆虫是如何传播至孤立的小岛上的？如果它们灭绝了，未来还有可能再出现吗？对于探讨破碎化的生态系统来说，这些问题的重要性愈来愈突出，而这破碎化的生态系统就代表着被发达景观环绕着的“岛屿”。

博士研究那几年，我分别在苍鹭岛以及孤树岛住过一段时间，大多是以野外助理的身份，跟着同学去岛上研究海洋生态学。我不仅学到了珊瑚礁鱼类生物学以及种类繁多的珊瑚礁，也体验了从事海洋田野调查的研究生活。我印象最深刻的记忆，包括在苍鹭岛的海洋研究站（该研究站隶属昆士兰大学）睡觉时所面临的挑战。

如同许多珊瑚礁岛，苍鹭岛上有很多季节性的住民——

长尾水薙鸟。这种鸟在晚上的时候，会在我们小屋下方附近的沙地上挖洞休憩。它们沟通和求偶的方式，就是不停地大声鸣叫，一开始先发出咯咯咯的声音，然后声音愈来愈大、愈来愈嘈杂。在这种情况下，根本就没办法入睡。更糟糕的是，成鸟为了要降落在沙洞的附近和家人团圆，常常直接撞到我们小屋的墙上，甚至跌进半掩的门内。水薙鸟和很多海鸟一样，起飞和降落的时候，身手都不太敏捷，必须要有一段缓冲的跑道才行。

海洋学研究生的情感生活，比我在陆地上的学生的要精彩多了。或许是因为偏远的天堂小岛给人以无限的遐想，也或许是因为被鸟吵得睡不着，又或许是因为大家误把海鸟的夜间活动当成了研究生们夜半的嬉闹声！不管原因是什么，每次我去拜访苍鹭岛或是孤树岛的时候，我都觉得自己好像在看黄金档的肥皂剧，把那些发生在岛上的故事收集起来，说不定以后能出书呢。

因为我待在孤树岛的时间比较长，所以我有办法如实记录岛上灌木丛的数量，并且计算毛虫对植物群落的影响（还有，岛上真的只有一棵树，应该说是一小株腺果藤，而且就在岛的正中央）。在毛虫 10 天的寿命里，平均啃食的叶面积是 2.9 平方厘米。128 株灌丛共有 227082 片叶子（相当于 1146 平方米的叶面积，或是净重 160.9 公斤）。所以 2% 的叶面积被啃食，换算之后，就只是 23 平方米或是 3 公斤的叶子，因此对整体灌木丛的健康并没有造成太大的影响。还有其他科学研究指出，适度的啃食行为其实可以刺激植物的生长，就像割草机能刺激草的生长一样。

为了测试毛虫从繁杂的“绿海”中回家的能力，我的实验是将它们从原本栖息的树枝上，间隔性地分散并移动到银毛树灌丛的底部。毛虫大概需要 30 分钟的时间，四处爬行超过 30 米，才有办法找到原本栖息的树枝，但是其实直线路程只有 2 米远（爬行时间 2 分钟）。看来这种毛虫定位的方向感极差，如果它们在复杂的森林生态系统里面偏离自己的宿主植物，肯定只有死路一条。

我的岛屿植被研究的第二个重点，是珊瑚礁岛植物的多样性以及再生能力。我从每个岛礁的中心，每一米就插入一根黄色木桩，然后沿着这一带，刻意移除上面的植被。我在 6 个岛礁上面做实验，从年轻的岛礁（只有 1 种植物）到相对成熟的岛礁（多达 8 种植物）都有。

每年的冬天和夏天，我都会回到岛上观察样带，记录再生的种类、密度以及程度。不过这个研究在 3 年后就被迫宣告放弃，因为我发现样本出现人为因素的破坏。在田野生物学领域里，科学家非常小心地设计实验，为的就是收集没有人为影响的生态数据。但是设计实验并不是那么容易的，实验结果有时候也会出现偏差。

就这次的实验来说，我植入地面的木桩成了海鸟最喜欢的栖木。我是不介意海鸟在木桩上休息的，但是我介意它们大量的排泄物，导致样带区域的营养成分过高，这对部分甚至是多数再生的植物是有利的。简单地说，就是海鸟粪便使研究数据出现了偏误。我被迫放弃这项研究，等哪天我设计出海鸟不想站的木桩时，就可以再次进行研究了。

在严峻的条件下进行田野实验是非常困难的，但是设计一个严谨的实验，即排除可能造成结果偏误的各种因素，或许是科学家最重大的责任了。不管是在生态系统单纯的灌丛还是繁复的大树上，都有可能出现错误的采样。但是在树冠层采样相当危险，这促使我们在设计实验时要格外地仔细，以免艰巨的田野工作功亏一篑。

在未受干扰过的生态系统进行采样时，科学家还面临另一个重大挑战，那就是我们有义务维持生态系统的原样。岛屿生态系统非常脆弱，因为面积较小，再加上与大陆隔绝，如果出现物种灭绝或是外来物种，影响都会放大好几倍。害虫的入侵可能会大肆破坏当地的植被。同样的，人类如果恣意乱丢垃圾，或是随意清扫，都会带来破坏，严重影响生态平衡。早期孤树岛还没有人居住前，哈尔和一群海洋科学家到岛上做考察，哈尔也特别描述了当时他们采取的各种措施：

带盖的塑料垃圾桶，里面装着覆盖了几厘米厚机油的海水，这就是专门拿来装厨余垃圾和空罐头的。另外一个像这样的塑料垃圾桶，则被拿来当厕所用。每次我们离开岛屿时，这些容器都会跟着我们一起走……在岛上我们只吃罐头食品，这样新鲜食物才不会变成当地昆虫的营养来源。

吃剩的东西绝对不会放到下一餐，而是直接倒入带有机油的垃圾桶内。用完餐后，餐盘跟器具会先拿到海水里面冲洗，然后再丢入垃圾桶……有一天晚上我们在帐篷外面放了一个瓦斯灯，结果引来了好多……蛾，大概有 5 只蛾飞到灯里死掉了……所以我们后来在帐篷外面都只用手电筒。如果帐篷里的瓦斯灯是开着的，拉链一定要拉好，不可以让昆虫飞进来，有人进出帐篷时，拉链打开的时间愈短愈好，而且不可以全开，人过得去就好。

——哈罗德 • 希特沃、T. 多恩（T. Done）、E. 卡梅伦（E. Cameron）著，《珊瑚岛礁的群落生态学：以孤树岛为例》（*Community Ecology of a Coral Cay, A Study of One Tree Island, Great Barrier Reef*，1981）

1979 年，我在孤树岛上过了第一个没有家人的圣诞节。4 个科学家窝在一个简陋的铁皮屋里，我们收集了银毛树的枯树枝，做成一棵圣诞树，再挂上白化的珊瑚做装饰。在岛上没有电话可以打回家，收不到包裹或是信件，我们在烈阳下哀怨地唱了几首圣诞歌，还圣诞潜浮了一下。我的寂寞是大家的两倍，因为圣诞节前两天，我才“庆祝”了我的生日，两位博士班的学生还很好心地替我准备生日大餐，有贝类汤、清蒸石斑，还有一杯温的金汤尼（gin and tonic，一种鸡尾酒）。

在这里，食物是由内陆的店家装箱后，运送到孤树岛上的。要设计一个两到三个星期的菜单着实不容易，譬如说牛奶，如果用纸盒包装，再以冷冻方式运送，到岛上之后慢慢解冻，大概可以喝上一个星期，所以最可靠的主食就是罐头食品了。我们都是靠蓝子鱼帮忙将废弃物资回收再利用的（在孤树岛做过研究的人，应该都很熟悉海边一个叫作“排水沟”的地方，在那里可是一点都不适合潜浮）。

孤树岛上有严重的蚂蚁和蟑螂虫害，因为岛上有人居住，所以海鸟的数量也加倍。灰胸绣眼鸟学会飞到厨房找食物，还会弄翻糖罐。这些技能对以前的鸟祖先来说，可是一点用处都没有。不过整体来说，岛上的植被和珊瑚礁群保存得相当完整。在允许科学家用工具以最基本的生存条件工作，与同时也负责任地保护生态环境之间存在着重要的权衡。

我在低地研究树冠学到了什么？对于毛虫来说，尽量不离开赖以维生的植物或是仅在附近活动这一点，极其重要。在森林里，不管是小鸟在树枝间跳跃，还是树叶被风扰动，都会使得甲虫幼虫掉落一地，幼虫没有能力定位方向并爬回树冠，回到宿主树上面，因此这些情况往往都会导致上千只幼虫的死亡。毛虫基本上是不太会动的，若不小心掉到地面上，对它们来说相当致命。

在森林和珊瑚岛上的食草动物，都较偏好阴生叶，而不爱阳生叶。这里有很多原因。可能是阴生叶比较柔软，又或是叶片里的有毒化合物含量比较低，又或是叶组织比较有营养。也可能是在阳生叶上被捕食者吃掉的概率比较高，又或是比起阴凉的地方，在阳光底下进行食植行为容易脱水、盐分较高、风阻较大，自然也比较困难。以上这些原因，都很有可能共同影响毛虫的食植行为。即便是在相对简单的环境（孤立珊瑚岛上的伏地灌丛），植物以及昆虫之间的交互作用仍旧非常复杂。科学家得像侦探一样，不断抽丝剥茧、解开线索，将错综复杂又微妙的生态系统谜团一一破解。

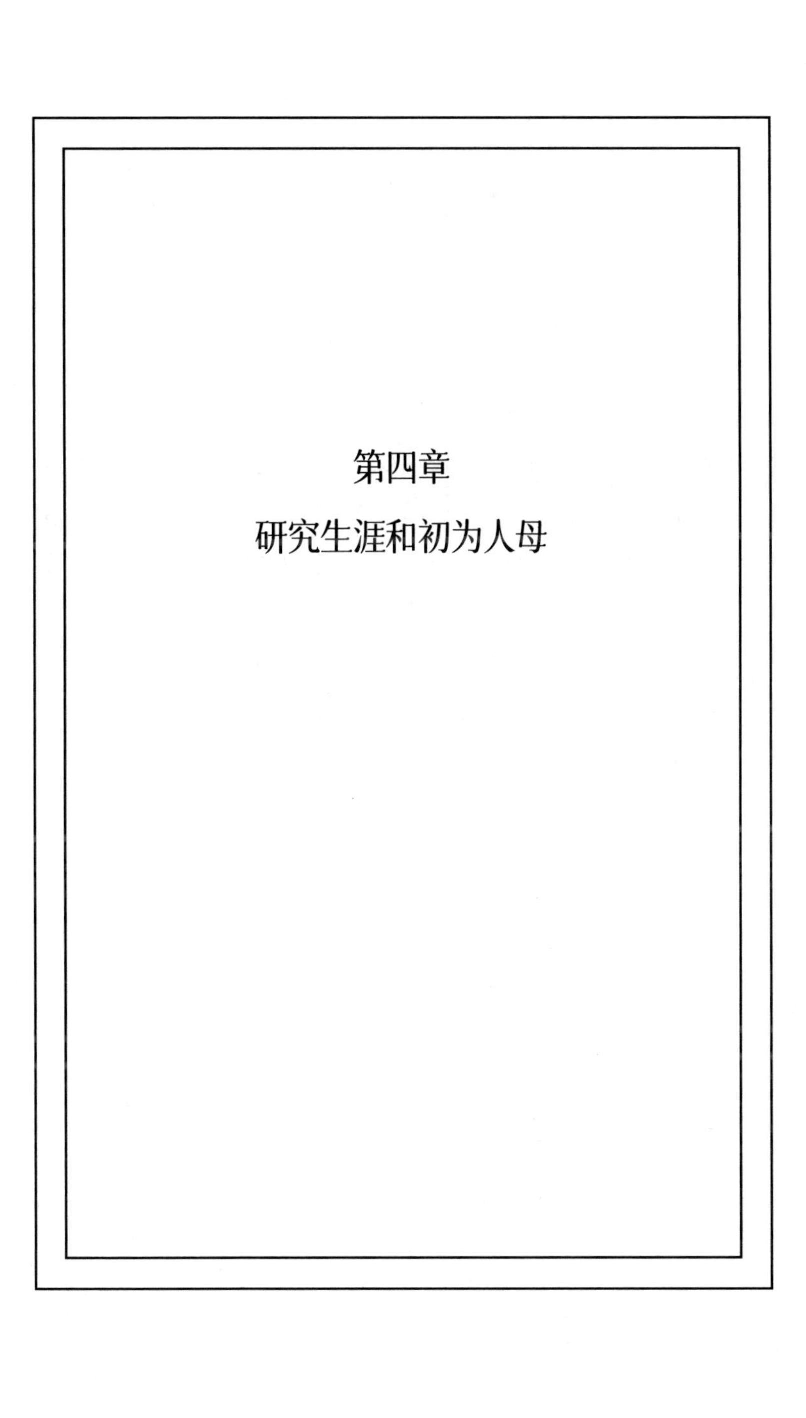

第四章

研究生涯和初为人母

有的人能和大自然和平共处，有的人则没办法。好多自然的美景，好比风和夕阳，都被视为理所当然，直到文明的进步逐渐消磨了这些美好。现在我们面临的难题是，为了追求更好的"生活条件"，我们是否值得以牺牲那些存在于自然之中的野性和自由为代价。对我们这些少数人来说，赏鹅比看电视重要，发现白头翁花和言论自由同样是不可剥夺的。

——阿尔多·李奥帕德（Aldo Leopold）著，

《沙郡年记》（*A Sand County Almanac*, 1949）

在森林中研究神秘的生死奥秘时，我也到了再不生小孩就嫌晚的年纪。1985 年，我的第一个儿子埃迪出生了，我被迫学会有效率地组织各种事情。热衷于研究工作的我，对做母亲和家庭生活也同样重视，但我没办法应付生活中大大小小的所有挑战。我常想，如果我的研究生涯中，能有一位女性导师，或许我就能做出更好的决定，或至少能预知未来的生活会是什么模样。但是在 20 世纪 70 至 80 年代的澳大利亚，以植物学为专长的教授里没有女性。

1984 年我怀了身孕，澳大利亚人管这叫作“烤箱里有个圆面包”。看到我怀孕，我公婆对我的职业好像不再那么有疑虑了。但我也烦恼，因为或许比起我的科学头脑，我能不能生产这件事要更受重视。他们这种明显偏颇的态度，难道意味着未来会发生什么事吗？还是我的心烦意乱只是因为怀孕时的荷尔蒙作祟呢？

我记得第一次怀疑自己怀孕的时候，我人在昆士兰爬一棵黑豆树[1]。我飞到澳大利亚科学与工业研究组织在阿瑟顿的雨林研究中心，打算协助一位专员，在黑豆树林里进行利用观测塔研究物候的工作。比起摇摆不定的绳索，在平稳的观测塔上工作，可以说是一件很享受的事情，但是那次不知道为什么，我觉得头特别晕，感觉特别想吐。我的身体好像变得不太一样了。这些症状让我起了疑心，那天晚上我就偷偷到便利商店，买了一本与怀孕有关的书，那也是店里书架上唯一一本与怀孕有关的书。

在这次的研究工作中，除了我之外都是男性科学家，没有人可以替我解惑。我躲在被窝里，用手电筒仔细研读那本书，发现书上所有怀孕的症状都和我的一样，但我还是得等回到沃尔卡才能“验明正身”。这次和我到昆士兰做研究的，是一位由我指导的明尼苏达大学生，所以我就告诉了她我的怀疑。想起当初我们两个人蹲在澳大利亚草丛里，神神秘秘地讨论我的肚子，现在都觉得很好笑（1994 年当我听到她的第一个孩子出生时，我也非常开心）。10 年后当她在博士班念书时，身边有女性导师可以和她一起讨论怀孕的大小事，这让我很高兴。

两个星期过后，我回到沃尔卡的医院，验孕的结果是阳性。我感受到的那些身体的细微变化，原来全都是真的。虽然

[1] 学名 *Castonospermum australis*，豆科。

在澳大利亚内陆这边，没有超声波的设备，但是我的直觉告诉我，肚子里面是个男孩。怀孕期间我胖了将近 50 磅，肚子也愈来愈大，妊娠晚期的时候胎动强烈，孩子踢得很厉害，我也等不及赶快把这胖宝宝“卸货”了。

怀孕的这 9 个月，我还是继续田野工作，不过稍微做了点变化。不用绳索也不用安全坐垫，我很奢侈地利用活动起重机进入树冠层。我的田野助理希金斯非常贴心，他每次操作起重机时都很小心，而且很有耐心地让我一次又一次地下来解放膀胱。怀孕的最后两个月，我们两个已经没办法一起挤进起重机的升降台了——一个是大腹便便快临盆的孕妇，一个是在当地酒吧养出啤酒肚的男人。这 9 个月的身孕，因为行动不便，也给了我更多时间去写作，我发现怀孕的时候，体能活动很受限，希望以后当妈的日子和我的研究能够兼容。

好像第一胎都会比较晚出生，我的宝宝也超过了预产期。我提早到医院报到，经历了 24 小时的假性分娩的阵痛。后来又回到家里，在婆婆的建议下，我吃了中餐，还到后院的草沟那边勤走以助产。

隔天早上（我在后院边走边看，数了超过一百只的黑颈鹳——也叫作 Jabirus[1]）我终于在 11 点的时候进了医院，我从早上阵痛到晚上，宝宝胎位不正且也没有想挪动的意思。

[1] 葡萄牙语，意思是黑脖子的追猎者。

活动起重机是进入树冠层的另一个非常实用的工具，在我怀孕的时候特别方便。我没办法挺着大肚子，全身一堆配备地吊在绳索上，所以我利用起重机进入桉树树冠，研究遍布澳大利亚森林的枯梢病。绘图：芭芭拉·哈里森

我生到快要虚脱了，但是乡下的医院没有止痛药。我对医生还是有信心的，他说如果有任何并发症，他就会立刻打电话给飞行医疗服务所。

午夜时分，产房的生产床居然垮掉了，而且我人还在上面，还好安德鲁的卡车里面有工具箱，暂时把床修好了。大约凌晨 1 点，医生看我累到不成人形，告诉我应该要吼一下脏话，抒发一下情绪，但因为我太累了，所以只弱弱地说了一句："哎呦，我的妈呀。"没办法，我知道的脏话太少了，我也不想在那么累的时候，多学几句新的（我在产房里的弱弱的脏话，后来沦为大家的笑柄，被笑了好几个月）。对于整个过程，我几乎没什么印象了，但是爱德华·阿瑟·伯吉斯（Edward Arthur Burgess）终于在凌晨 1 点 22 分出生了，体重 8.5 磅。历经完全没有止痛剂的 36 小时分娩，我马上沉沉睡去。医生继续给我的会阴部进行缝合，那是因为宝宝过大，生产时造成会阴部撕裂。其余一切都好，而且那个星期在医院生小孩的只有我，所以我足足在医院里休息了 7 天。

我们第一个儿子的名字，是来自他的外曾祖父和我的兄弟（他们都叫爱德华），还有他的曾祖父（阿瑟·伯吉斯）。我非常钟爱这三位男人。我祖父是一位非常慈祥的人，他也是我和我的兄弟儿时最好的朋友。

我先生的祖父——阿瑟，大概是我在牧场上最亲的朋友。我们两个都很爱大自然，也常常彼此分享自己今天又看到了什么鸟、什么花，又或者只是闲谈季节的变化。我常常邀请他到家里喝下午茶或吃晚餐，他也从来不会批评我，好像很喜欢看我研究桉树的自然历史。讽刺的是，比起我先生跟我婆婆，他好像是对我的工作最感兴趣的那个，这或许只是因为我们两个天生都很爱树吧。

阿瑟会告诉我红宝石山庄一路走来的故事，巨细靡遗地告诉我，年轻时的他如何从悉尼走到沃尔卡，如何在这一片定居。埃迪（大儿子爱德华）出生没多久，阿瑟就去世了，我在想他或许是在等我生出第一个男性子嗣。我不只失去了一位忠诚的朋友和家人，也失去了一个让我爱上澳大利亚乡村的人。阿瑟把他的家园留给我跟安德鲁，只要看到那些墙，我就会想起他的和蔼和善良。

我们的第二个儿子，詹姆斯·布莱恩·伯吉斯（James Brian Burgess），于 1987 年出生了，这次我只花了 12 小时就生出来了。我务实的牧人先生（他在牧场上常常遇到生产）在我第二次分娩时，不是在外头紧张地等待，而是决定睡个大觉。当然他的决定很实际，但这对一个妻子来说却很难受，我只好告诉我自己，这是文化差异（就这点来说，美国的夫妇好像比较会一起分享怀孕的喜悦，一起去上助产课，一起阅读育儿书刊，相较之下，我在澳大利亚怀孕的过程完全是我一个人的事）。

小儿子的名字詹姆斯，取自 100 多年前伯吉斯家族里，第一个从苏格兰来到澳大利亚的移居者。中间名布莱恩，则是取自他的祖父。我很爱也很尊重我的公公，他经营牧场的热情跟能力非常强，他对羊和牛的了解程度，在这片区域也是数一数二的。

生下两个儿子，这个大型澳大利亚郊区牧场的第5代，似乎也替我的职业抱负画下了句点。虽然相夫教子并不完全是我想象的生活形态，但在那种情况下，我认为做母亲大概是我最能被接受的角色。

在家里照顾两个儿子，和我以往的生活经验差太多了。每一件事情都好新鲜，而且博士头衔对于宝宝为什么哭这件事，一点用也没有。我们四个人都好累好累，只有我先生还没疯掉，因为工作的关系，他凌晨到傍晚这段时间都不在家。我猜搞不好看羊都比看狂哭的小孩还有趣！一直要等到埃迪大一点，詹姆斯大概7个月大，并且可以吃固体食物之后，这两个小家伙才真的有安静的时候，而且终于肯睡上一段时间。我的理论是（这是我后来想的）这些小宝宝其实出生的第二天就想吃牛排，只是我不知道罢了。

我慈爱的母亲从纽约千里迢迢飞来找我，在我初次生产后几周，帮我照料家里。我后来生詹姆斯的时候，她也来了。虽然时差让她很累，但她还是会抱着宝宝又走又摇，让我可以好好休息。

有一天，我母亲带着埃迪到我们超长的车道上散步时，一条花斑棕蛇凶狠地朝着婴儿车爬行，她吓了一大跳，马上来个大转身立刻直奔回家。我公公刚好开着他的四轮驱动卡车来到我们家，他就问我妈为什么那么匆忙，我妈就把在车道看到的那条蛇描述给他听，他笑了起来，还兴致勃勃地跟她说："被这种蛇咬到啊，包你90秒内翘辫子。"那是一条虎蛇，非常致命而且有时候攻击性很强。从那天起，我母亲对于我在大自然里养小孩这个决定所原有的信心全部崩坏了。

埃迪只要吃饱，就是标准的乖宝宝。他很喜欢玩，吃得好睡得好，而且他很快就学会跟人沟通了。他经常陪我，在他才刚学会走路时，我就会带着他到森林里散步，顺便检查枯落物收集盘、计算薄荷树苗上面的甲虫数量，我也会带他去我大学的办公室处理一些事情。他不到一年就学会讲话跟走路，我常想，他之所以这么早熟，或许是因为我对他特别关心。

乡下地方没什么事情，电话不常响，我的家人也远在地球的另一端，没有有线电视，也没有日间托儿所。因为没有人可以帮我照顾小孩，所以我放弃了参加研讨会或是发表演讲的机会。我都趁小孩睡午觉时，赶快撰写研究文章。但是跟我的研究比起来，完成各种家事还是重要许多。

因为没办法常常拜访陶冶身心的大学，我只好折中在家打造花园。我很用心在莳花种草上，希望可以传承历史，打造一个有新英格兰色彩的林荫花园（还有，因为我住在澳大利亚的新英兰格区，所以这边可以种英国植物）。我买了杜鹃花、兜状荷包牡丹、银莲花、藜芦、耧斗菜，还有很多其他植物。我又是耙又是挖，填土施肥又浇水，植物长得非常壮。我在花园里清扫空地的时候，搬开瓦砾发现一株纤弱古老的玫瑰残枝抽出了新芽，看来这正是伯吉斯家族的曾曾祖父母，从苏格兰漂洋过海带来的。孩子们的曾祖母，在我之前也照料过这个花园，她也在珍贵的老榆树下面，种了许多新英格兰特有的灌丛。

埃迪是我在花园里的小帮手。他非常擅长吃泥巴，以及把自己身体弄得脏兮兮的。他最喜欢拖着水管在花床上跑来跑去，并负责水管的开关。不过，我的小孩在花园里爬来爬去的时候，我的神经都是紧绷着的，因为我知道附近其实有很多毒蛇。澳大利亚大约有 95% 的蛇都是有毒的，想到这还有谁放得下心啊。

我的忧虑终于在某一年的春天成真了，那时有条棕蛇在我们家外屋那边打造了自己的蛇窝。我们把蛇宝宝都移走了，至少我们是这样觉得的，但是埃迪出生的第一个夏天，我们仍在花园里看到了很多棕蛇和黑蛇。

有一天，天气很炎热，我“刚好”在埃迪完成他关水管的例行公事前，哄他睡午觉。虽然他很喜欢玩水管，但那天实在是太热了，很快他就睡着了。我独自回到花园，伸手要去转喷嘴，喷嘴的位置大概是在花床中间的一条水管上面，但隐约感觉它的位置好像移动了两英尺多，这才发现我差点要朝棕蛇的头上抓去，而那条棕蛇就在水管旁边，非常凶猛地挺立起来。我赶紧跑回屋子里，把门关起来。想到我的儿子平常这时候都会去关水管，今天幸运地逃过一劫，我就松了一口气。

澳大利亚的主妇几乎都知道该怎么杀毒蛇，所以我拿着我的猎枪，小心翼翼地回到我刚才差点被咬的地方。谢天谢地，那条蛇早就不见了。我松了一口气，因为我实在不想用枪。想也知道，后来的几个下午我都不让埃迪在花园里玩。我的澳大利亚丈夫对我的担忧只是一笑置之，还说我迟早会习惯这种事。

我们家附近那些年轻、刚结婚的女性朋友，跟上一代的澳大利亚乡间女人截然不同。她们都想要工作，想要念书，想要获得不受牧场掌控的经济来源，自己独立自主，但是在郊区追求这样的目标并不容易，因为乡下地方人不多，工作机会少，生活里没什么艺文活动，更遑论进修教育。简言之，即便20世纪已经很进步了，我身边还是有很多女性友人感到很挫败。对于自己只能步母亲、婆婆后尘这件事情，她们也只好妥协。少数人在努力之余，成功地开了服饰店，在地区幼儿园教书，或是经营民宿。

我就开了一家民宿，因为我急需为自己的家居生活，找到一条宣泄的专业渠道。我在我们的牧场经营民宿，利用住屋侧边的空房，弄了一间双人豪华客房。然后把剪毛棚附近的小木屋，整理成可以容纳4个家庭的大型房。我觉得自己一定要有钱，不管有多少，至少我可以买得起给小孩看的书，不需要动用到平常的家用，而且开民宿要做的事情，和我平常要做的家事也差不多。我的新事业迫使我变得非常规律，我每天早上 7 点半，就要准时用银盘装早餐、送早餐（那时候我的儿子们都还小，我每天都祈祷他们不要哭闹），接着是准备中午的野餐，最后是晚上 7 点的烛光晚餐（还要继续祈祷——我通常都会提早哄孩子睡，然后希望他们安安静静一觉睡到天亮）。

虽然要带孩子，还有客人可能会上门的压力，但我发现经营民宿有两个很大的优点。首先，我的组织能力变好了，并可以把它运用于做家务上。设计菜单、购买食材、注意小孩和大人的吃饭时间，最后还要洗碗，这些工作都必须很流畅地进行（几年后我成了单亲妈妈，那时经营民宿的训练让我安排家务更加得心应手）。其次，因为大多数的客人都是对大自然感兴趣的美国人（不然他们也不会来这个偏远的民宿了），我也交了几位兴趣相投的朋友。大部分的客人发现民宿女主人是美国人时都很惊讶。这对我的生意也有好处，因为大多数的客人都喜欢喝现煮的美式咖啡（大多数澳大利亚人家里都是咖啡速溶包），习惯浴室里面有浴巾（澳大利亚人不常用），他们也需要有人帮忙翻译澳大利亚的俚语。

客人喜欢看树袋熊、袋鼠，还有其他牧场附近的野生动物；我也设计了一条旅客可以自己去探索的路线，还搭配有导览的小册子，这样他们就可以认识更多美丽的植物。我的客人来到乡下放松度假，他们也给了我很多美好的想法和精神上的支持，还会告诉我美国人现在都在干什么。譬如他们会问，我是如何在这种与世隔绝的地方生活的；或是问，我是如何跟公婆相处的。也只有美国人那么有好奇心，连这么私人的问题都敢问（这也是为什么有些澳大利亚人说美国人“爱管闲事”，原因不难理解）。尽管我的客人有如此坦率的好奇心，我还是很感谢他们关怀和同情。

就在我忙于家务，忙着当妈妈，半荒废我的科学研究之余，枯梢病这一疫情受到了全国的关注。一家出版社问我跟哈尔（我的博士后研究指导老师）愿不愿意针对枯梢病写一本书。想到家务缠身，我实在没什么信心可以完成这个任务，但是哈尔之前有出书的经验，他觉得我们两个合作绝对没问题。

那次写书对我来说是一个很正面的经验，因为大多数的时间我都在家写我负责的那部分，偶尔还会去一下大学的图书馆。我俩一人写四章，这次的合作非常愉快。我很感谢哈尔和我分享他的专长，他也很体谅我必须要照顾家庭，所以在时间上非常配合我。

我永远忘不了校稿那天。我生完老二詹姆斯，刚从医院回到家，匆匆忙忙地想要赶到大学去帮忙校稿，哈尔却已经愉快地开着车到我家来找我了，于是我得以一边照顾宝宝，一边听他给我念样稿。这个过程真的很有趣，我们也在很短的时间内校完了稿。

出版社知道我住在郊区的大牧场里，还是枯梢病蔓延的中心，便提议新书分享会就办在我们家的剪毛棚里。新书会办得很盛大，我的邻居们，还有许多悉尼出版界的人士都出席了。不管是新书宣传期、新闻采访期，还是后续的研究活动，我先生那边的家人都非常配合，但我相信他们内心一定很希望我可以尽早减弱对科学的热情。

我人生中最特别的一段回忆，发生在我一边努力研究，一边照顾小孩的那段日子里。

那一天我搭公交车前往昆士兰，准备去那里带领一群守望地球组织的志愿者进行树冠考察。因为我那时候经济能力不允许，加上我也不想托人带小孩，所以如果偶尔有这种研究工作的话，我就会带着埃迪一起去。因为要坐很长时间的公交车，所以我准备了一堆小孩子的玩意儿，有零食、书，还有小玩具，通通都是拿来吸引注意力很难集中的三岁小孩的。

那天我手边有一本苏斯（Seuss）博士的新童书《绿鸡蛋和火腿》，那时候我已经教会埃迪所有字母的发音，所以我直接把书拿给他看。神奇的事情发生了，他开始看着字读出声音，然后一个人把整本书读完了。他不仅把《绿鸡蛋和火腿》读完了，到了奥赖利家的雨林旅馆时，还念了菜单上的每一个字。我不知道其他同事是不是和我一样惊讶，但是那时的我心想，能够一边做研究一边为人母，我真的很感激。我知道是我的科学工作给了我这么特别的一天，让我能和儿子在公交车上一起拥有阅读时光。

顺带一提，可怜的埃迪因为妈妈对植物的热爱也付出了一些代价，那一次考察中他的耳朵被深红玫瑰鹦鹉[1]尖锐的喙啄了好几下，而且大概过了半年他才真正克服对大型鸟类的恐惧。他在我们家的花园探索大自然时，也曾经被牛蚁咬过。但是这些意外却让他更想要当个科学家（我常鼓励他可以选择比较普通一点的职业，像是会计师或是律师，但是到现在他还是很想跟随他母亲的脚步）。

不管我在澳大利亚乡村从事科学研究招致过什么批评，至少有一件事情我是很成功的：那就是传宗接代生了两个儿子，牧场未来的主人翁，这可是我先生无比骄傲的。不过，小孩子就像植物一样，需要特殊的环境和条件才能茁壮成长。澳大利亚内陆的许多价值观都和我从小的认知不一样，我有办法在这种环境下，好好养育我的儿子吗？

[1] 学名 *Platycerus elegans*，鹦鹉科。

第五章

世界上最棒的彩票

森林就是一个硕大的实验室。在这里，产生的新种会经过测试，如果有瑕疵，就只能被淘汰……茂密的幼苗在高耸的父母树底下，充满希望地成长着，它们又瘦又小，还需要更多营养；那些长得挺拔的中年大树，已经开始碰触到那些久站多年的老树的肩膀了，默默地告诉它们，是时候让位给更年轻、更有潜力的下一代了——一棵棵在无声无息中，无休无止地争夺阳光下的一席之地。

——亚历山大 · 斯库奇（Alexander Skutch）著

《哥斯达黎加的博物学家》

（*A Naturalist in Costa Rica*, 1971）

我除了常常到树冠里探险，也渐渐在地面上发展出第二个研究专长。这也多亏了我非常棒的导师约瑟夫·康奈尔（Joseph Connell）在我读博士班的第一年收我为徒。约瑟夫（乔）是加州大学圣塔芭芭拉分校生物学的教授，他来到澳大利亚做物种多样性的研究，这个题目让生物学家及生态环境保护者不论是在理论上还是在应用上都非常感兴趣。乔选了热带雨林及珊瑚礁群这两个向来以物种多样性闻名的生态系统作为田野研究的对象，距离较近的昆士兰刚好也兼具这两种生态系统。

乔是训练有素的海洋生物学家，他需要和一位热带雨林学家合作，那时我是悉尼大学唯一一个研究雨林生态的人，所以这个人人垂涎的合作机会自然就是我的了。在我多年的博士生涯中，乔一直是一位很支持我的同事，20 年过后，我们还是持续合作着这项重要的研究计划。

乔真的可以说是生态界的奇才，世界各地好多学生都受到他的启发和影响。从 1963 年开始，他和一群助理（我是他的第二代植物学助理，比伦纳德·韦伯［Leonard Webb］、杰夫·特雷西［Geoff Tracey］资质浅一点）在澳大利亚两个雨林样区里记录、辨识、测绘所有的树、树苗和种子。这个长时间累积下来的数据库，现在已经开始产生重要的影响，像是哪些树能成功长到最顶端，还有哪些因素影响物种的存活率和死亡率等。好几十年来，世界各地的科学家都来“朝圣”，协助我们在雨林研究物种的多样性。好多新的生态理论，都是从我们泥泞的雨林样区诞生的。

感觉在雨林的研究似乎有一种交互现象：地上愈泥泞，我们的反思就愈澄清。曾经在样区里匍匐前进寻找种子的人，现在好多都是第一线的科学家：罗伯特·布莱克（Robert Black）、彼得·切森（Peter Chesson）、霍华德·乔特（Howard Choate）、劳雷尔·福克斯（Laurel Fox）、凯瑟琳·格林（Katherine Gehring）、彼得·格林（Peter Green）、戴维·兰姆（David Lamb）、帕特里斯·马罗（Patrice Morrow）、唐纳德·波茨（Donald Potts）、韦恩·苏萨（Wayne Sousa）、塔德·泰默（Tad Theimer）、戴维·沃尔特（David Walter）等等。而这一章的标题“世界上最棒的彩票”有两种含义，除了指我有幸和乔成为同事，更是指那些在雨林地表上的种子们未知的命运。

虽然我们认为树冠上的各种变化，大多数都是高高在上的，但是森林地表可是生命力萌发的地方。有多少种子是经过难以想象的胜算后，才得以自地面往上长成今日的大树的啊。在森林地表上，隐藏着这世界上规模最大的彩票投注活动。

每一种有树冠层的树种，从种子、幼苗、幼树，到前期更新（advanced regeneration）[1]的每一个阶段都会参与其中，但成功率几乎微乎其微，只要有点数学头脑的赌客都不会参加的。据估计，1 公顷的雨林每年约有 15 万颗种子发芽，然而只有不到 1% 的幼苗能够长成大树。

我们的雨林样区，大概每公顷有 748 棵大树（胸径超过 10 厘米），而有时候一季可能就有 2000 多颗种子发芽。种子有没有办法增加自己在这个生态赌盘中的胜算呢？如果可以的话，又是什么因素让赢家成为赢家呢？

在这场彩票投注活动中，种子首先得落到森林地表，或是土壤缝隙里，才有机会发芽。从树顶结果实的地方，一路到地面，那可是得穿过繁复的树枝和层层的树叶，旅程非常险峻。如果种子成功到达地面，但没有落在适合的发芽环境里，就得赶紧加入种子库（seed bank）[2]的行列，等到日后再发芽。

种子们的彩票投注活动跟小孩子爱玩的电玩很像，必须要经过层层关卡、过关斩将之后才可以取得最后的胜利。就像任天堂里的超级马里奥，会不断遇到障碍，要循着不同的路径，以躲避死亡陷阱。从树冠顶端出发的种子们，必须过以下这五关，才有办法成功获得“大奖”：

[1] 种子发芽后的一个阶段（有时候可以长达数十年），小树苗生长在森林的底层，发芽后会进入相当缓慢的生长期，直到上方有林隙出现时才会加速成长。

[2] 落地之后尚未发芽、囤积在土壤中的种子。

1. 安全降落到森林地面。

2. 成功发芽。

3. 撑过幼年（或子叶）阶段，拿到前期更新的门票。

4. 在树冠的林荫底下，继续处于压抑的状态，不断储存能量，在树冠下层发育成树（对多数存活下来的树木而言，这个阶段已经是最终的目标了）。

5. 最后，因为某个契机获得大量的阳光，从压抑状态中释放出来，一路长到树冠上层，变成大树。

能够在林荫底下发育成树苗、持续生存的树种，称为耐阴性树种。根据我们的记录，有些耐阴性树种的种子已经在雨林生长 35 年了，却还是只维持 5 英寸高。我认为，种子能够在阴暗的森林地表生存，持续等待林隙的出现，这种能力根本是植物界的奇迹。

反过来说，没有办法在林荫底下存活的树种就称为不耐阴性树种，这种种子在阴暗的地表根本没办法发芽，但如果落在阳光充足的地方，发芽的速度便会非常快。不耐阴性树种常常被称作先驱种或是拓殖种（pioneer or colonizing species）[1]，因为它们有办法在发生干扰后的裸露地表上，享受充足的阳光，顺利发芽成长。不过，一段时间过后，耐阴种在林冠下层

[1] 在一块受干扰或是新生地演替时期，最先出现的物种则为先驱种，通常会被演替晚期的物种取代。

开始萌发，通常先驱种就会被后来的耐阴种取代。在树冠层展现多物种的下一代，这就是所谓的演替。

森林彩票投注活动的第一个阶段，就是种子从树冠顶层到达森林地表的过程。这一阶段看起来很简单，不过就是种子利用地心引力，从结果实的地方，掉落到地表准备发芽。但是这一趟旅程可以说是危险重重。也因为如此，大树早就已经发展出各种新奇的方式，确保种子旅途安全。每个树种的种子其大小、重量、形态、播种的季节，以及吸引传播者的方式都不同，就连保护珍贵种子落到地面所分泌的化学成分也不同。

花朵和果实几乎都生长在生命力最旺盛的树冠层。不过，自然界总是有美妙的例外，有些植物是在树枝或是树干上开花结果的，这叫作干生花。而干生花对早期的探险家来说实在是太罕见了，因此1752年一位瑞典植物学家奥斯贝克（Osbeck）到爪哇岛时，还以为自己发现了新物种——一种无叶的寄生植物，他写道："这种不到手掌大的小型草药植物长在树干上，非常稀有，之前根本没人见过。"干生花并不常见，比较有名的包括澳大利亚的蔓生金银花[1]、南非的可可树[2]、中美洲的炮弹树[3]等。我的学生不论大人还是小孩，都非常喜欢观察干生

[1] 学名 *Triunia youngiana*，山龙眼科。

[2] 学名 *Theobroma cacao*，梧桐科。

[3] 学名 *Couroupita guaianensis*，玉蕊科。

花，讨论它们像不像长在树干上的花椰菜。

另外，种子雨指的就是种子从树冠层落到地面时的情景。温带树种每年都会固定开花结果。每年秋天，橡树的球果都会落满地；春天，枫树则会不断地撒下翅果，在温带地区生活的小孩，每年春天上学时头上都是迷你直升机。

然而在热带地区就不是这么一回事了，种子什么时候要落下很难预测。生物学家对于许多雨林冠层树种开花结果的季节模式，到现在还是一知半解。研究生物气候学需要好多年的观察，有些树种的生殖物候非常特别，让科学家惊喜之余，也进一步促进了其他树种的保育工作。

譬如南极山毛榉为大年结实（mast seeder）[1]的树种，每五年山毛榉的树冠就会开花结果，寒温带森林里便下起了种子雨。而大年结实那年的气候条件则是山毛榉种子发芽的关键。也因为这种特别的模式，中间没有结实的年份并不代表山毛榉的数量正在减少。

我一开始在研究南极山毛榉时，在澳大利亚高山雨林里的山毛榉底下，花了很长时间找种苗。我花了好多年，在森林地表寻找了数千平方米，就只找到两株山毛榉种苗，而且两株都是在倒吊的树蕨[2]上找到的。树蕨粗糙的表面，为种子

---

[1] 结实具有周期性的植物，譬如南极山毛榉，其结实的周期为每五年一次。

[2] 学名 *Cyathea leichardti*，桫椤科。

澳大利亚雨林的幼苗。各种形状和大小都有，在森林地表拼贴出一幅美丽的马赛克。要猜中哪一颗种子最后能够长成直达树冠层的大树，和中彩票一样困难。绘图：芭芭拉·哈里森

提供了发芽的环境，而且倒吊的树干就像海绵一样，比土壤还湿润。一开始，我还有点担心森林里没有山毛榉的种子，但是二三十年没有种子发芽，对可以活上好几千年的树来说，似乎并不是什么大事情。除此之外，山毛榉的树干或是倒吊的山毛榉也会萌发枝条（或是树芽）。看来，这种树要延续下一代，根本不成问题。

为什么山毛榉这种树，会演化成大年结实呢？每年都结实的话风险不是比较小吗？答案不只是产出多少颗种子那么简单。生物学家发现，如果结实的时间没有规律，这样的种子就比较能够躲过捕食者的侵害。如果再以能量利用的角度来看，每年都结实的话相当耗能，结实的同时等于用掉本来可以帮助长叶或是进行光合作用的能量。

就像青少年的体形有高低胖瘦的差异，树的种子也大小各不相同。如果被中美洲炮弹树的种子砸到，可能会有生命危险，但也有其他热带树种，如巨大的螯人树，种子迷你到可以靠风来传播。种子的大小也是很复杂的属性，树株在制造大种子时，消耗的能量虽多，然而每颗种子的存活率却因此提高了。相反，生产小颗的种子比较不耗能，但种子掉到森林地表后，并没有储存的能量可以使用。

小种子会发展出子叶（发芽后长出的第一对叶子），在森林地表上显得既脆弱又微小。小颗的种子通常是以风为传播媒介，因此分布范围非常广泛且随机。许多树种的小种子都会在阳光和水汽都充足的孔隙间发芽，因为种子本身没有储存能量，所以得等到条件都备齐了才行。

那到底大种子好还是小种子好呢？整体来说，并没有所谓的好坏，因为在不同环境之下，大小种子各有自己的优势。在澳大利亚雨林的地表上，黑豆树和库恩多树（Coondoo trees）[1]的大型种子，掉在自己的母树底下，渐渐地原本的树冠层就被新生的树种给取代了。换句话说，新生的同种取代了自己的母树。有些树种，像是赛赤楠[2]，丰满红艳的果实十分吸引鸟类或是小型哺乳类，因此种子就不会直接落在母树底下，而是被这些动物带到森林的其他地方。其他更迷你的种子，则是成百上千地乘着风四处传播。

雨林里面的果实有各种颜色——紫色、红色、橙色、柠檬黄、鲜红色、白色、黑色、紫红色、粉红色、绯红色、桃红色等，深浅浓淡，充满着各种色泽变化。如此鲜艳的颜色为的就是吸引爱吃果肉的鹦鹉或是其他捕食者，被吃掉的种子进入消化道后会随着排泄物排出，动物就成了播种者。裸眼鹂[3]就是个很棒的例子，它们在不同树冠上休息时，会顺便在树杈间排便。榕属植物[4]会在树冠顶端发芽，根则开始向下长，直到

---

[1] 学名 *Planchonella euphlebia*，山榄科。

[2] 学名 *Acmena ingens*，桃金娘科。

[3] 学名 *Sphecotheres viridis*，黄鹂科。

[4] 学名 *Ficus sp.*，桑科。

碰到地面，和一般由下往上长的植物大相径庭。这种生长模式被称为半附生，生长的初期会以附生植物[1]（空中植物）的形式生长，最后向下生根到达森林地表。榕属植物这种由上至下的生长方式，不仅是森林中罕见的特例，我认为这也是历经不断演化后最成功的生存方式。如果可以的话，我真想回到十万年前看看这片雨林！我猜以如此聪明的方式争夺阳光、由上至下扎根，榕属植物一定是森林中的霸主。

榕属植物不仅有上述特殊的生存手段，以稳固自己在树冠层的一席之地，它们之所以可以继续生长，还靠绞杀宿主树的能力。一旦它们的根部向下扎进泥土里，就会开始以攀抱、缠绕等方式，不断压迫宿主树，直至宿主树死亡、腐烂为止。许多绞杀榕的中间都是空心的，那是因为最初的宿主树已经腐烂，徒留绞杀榕继续攀附着空壳生长。

在森林地表研究种苗时，有件非常累人、不断重复的工作，我们这群研究生态彩票的人，把这个工作叫作“匍匐前进”。不过我这个人向来比较乐观，我把研究种苗时频繁地或站或坐或蹲，当作是在上有氧运动课，而且还是免费的呢。我们花了很长时间，在森林地表上爬行，就是为了寻找、辨识、标记雨林里的种苗。这项任务是为了测绘我们样区里所有树种

[1] 生长在树冠层中的一种植物，其养分以及水分摄取皆来自空气，仅利用宿主植物的茎干或枝条获取更好的生存环境。

的种子分布状况以及数量，并在往后的每年持续追踪。

哪些死掉了？哪些减少了？哪些种子发芽了却无法继续生长下去？哪些种子努力求生存却仍未长大？最后茁壮成树，加入树冠层行列的又有哪些？这项工作需要很长的作业时间，也需要很大的耐心去比对非常多非常多的迷你个体。

我们用的是永久的铝制生态标签（数量已经高达 6 万多个），并建立了森林地表的网格系统来测绘新种苗以及旧种苗的位置。这项工程非常浩大，但是却让我们培养出了坚定的革命情谊，我们真的是以龟速在地上爬行的，匍匐 30 英尺后，累了就停下来吃奥利奥饼干或是薄荷糖（这是澳大利亚人很喜欢的糖果）。因为这项工作必须聚精会神，所以我的同事有一次居然认真到连水蛭爬到眼睛里都不知道。我们后来还必须带他去医院，让医生把水蛭弄出来，因为那只水蛭早就饱餐一顿，胖到爬不出他的眼球了。

每年团队都会在澳大利亚对 4 公顷的雨林做种苗调查，经过 35 年后，我们发现不论是种子雨的形式、种苗的发芽，还是热带雨林树种的生长模式，差异都非常大。大年结实、每年结实，或是由环境条件，如季节雨或强光引发的间歇性种子雨，不管是哪一种结实形态，都是邻近树种最有效的结实模式。

有些成年的树种，在我们观察的 35 年里都不曾开花结果。

譬如合蕊林仙属[1]、加勒比海红木[2]、白木兰属[3]等树种，在我们的记录中都已经是成年的树株，但是却没有结果的现象。我们猜测，这类树种不常开花，或许每50年甚至更久才开一次花；又或者微妙的气候导致这些树种无法育种。只有继续耐心地观察，森林里的彩票活动才有被摸透的一天。

自从我踏入种苗研究后，对森林的看法便完全改观。每个树种在这几十年的光阴里都有其特质。我非常怕檫树下起种子雨，因为它们的种苗会变得成百上千、密密麻麻的；每次我看到新的藤蔓，便会踌躇不决（因为很难辨识）；如果发现罕见的贝壳杉[4]，还有齿状子叶非常好认的美洲山椒[5]，我都开心得不得了。种苗的外观和生长模式不尽相同，但都令人惊艳，各种种苗的生态习性也都十分独特。

身为一个女性田野调查者，每次要参加这个合作的研究计划，我要准备的东西总是比男性同事多。我还记得以前那段疯狂的日子，我得一边参与田野工作，一边应付森林里宝宝的日常生活：喂奶、换尿布、宝宝肚子痛，还有宝宝奶嘴弄丢时的慌乱。有一次我发现埃迪睡在婴儿床里，身上却盖了一条

[1] 学名 *Zygogynum semecarpoides*，林仙科。

[2] 学名 *Pseudoweinmannia lachnocarpa*，火把树科。

[3] 学名 *Galbulimima belgraveana*，舌蕊花科。

[4] 学名 *Agathis robusta*，南洋杉科。

[5] 学名 *Orites excelsa*，山龙眼科。

“蛆宝宝羊毛毯”（没错，那条毯子爬满了蛆，这种事情很常见，因为丽蝇喜欢在潮湿的羊毛上产卵）。都怪我们家没有烘衣机，再加上那时是多雨的冬天，所以埃迪的毛毯晒了却没有完全干。除了这件事以外，还有好多事情都让我怀疑自己的能耐，实在无法一边研究一边适应澳大利亚内陆的生活，虽然我也很想两者兼顾。

在澳大利亚的乡下，男人女人的分工相当传统。一旦小孩出生了，女人的生活几乎就是围着小孩团团转，再加上处理厨房里的大小事。博士毕业的我，一直都在学习怎么当一个科学家，面对这种突如其来的改变，我根本就没有准备好。我总是把《生态月刊》夹在《女性周刊》里，好让我在看科学文章时，看起来像是在研究居家布置的最新趋势（虽然我知道这样很没骨气，但是作为疲惫的妈妈，我已经很快学会了如何避免冲突）。

我的婆婆是非常传统的女性，她时常提醒我，她之所以放弃了幼教老师的工作，是因为那是身为牧人妻子的必要牺牲。虽然我很希望她能够支持我以兼职方式从事研究的这个决定，但是她似乎非常反对。不知道她会这样，是因为她后悔自己放弃了之前的工作、放弃了去追梦，还是纯粹只是两代之间的隔阂？她总是很忙，忙到没空帮忙照顾孙子，但我相信她一定知道，我在这里无依无靠，一个人忙得焦头烂额。我想，她肯定是希望我可以全心全意专注于做母亲，不要再去追求我的学术理想。我常常躺在床上彻夜难眠，想着到底怎样才有办法取悦这个就住在我家附近的、令人害怕的女人，因为我真的很想要和她做朋友。但是事与愿违，我觉得我根本就让她非常失望。我们两个人的认知差异从小地方就可以看得出来：如果我要去弄头发，她就愿意帮我带小孩；如果我是要去大学的图书馆，很抱歉，她没空。

1985 年 11 月，那时埃迪大概 4 个月大，我带他一起去雨林里面参与年度的种苗记录。我没办法把他丢在家里，也找不到人帮我带他。因为他的同行，所以我行李里有一堆玩具、尿布、宝宝食品，以及其他用具；再加上我自己的相机、笔记本、卷尺、防水蛭的长裤、靴子、雨具，还有装着研究工具的塑料袋。我常常这样两头忙。带上的书除了树种图鉴、与雨林相关的书以外，还有《摸摸小兔子》和《晚安月亮》等童书。

我之所以可以不间断地参加树苗计划，全都是因为支持我的美国同事们，还有不断鼓励我追求科学的父母。每过一段时间，我母亲就会从纽约远渡重洋来到雨林里，陪我参加考察、帮我带孩子。埃迪没在吃奶或是睡觉的时候，我母亲就会陪他玩，她说她刚好可以体验雨林、体验旅行（虽然我觉得这样好像不是很划得来）。我相信我母亲不是千里迢迢来看孙子的，她知道我很挣扎，不想要我多年的科学训练就这样白费。她曾经在雨林步道推婴儿车时遇到一条蟒蛇，那一次大概是她在雨林里经历过的最恐怖的事了吧。而且，这还是作为老奶奶的她第二次遇到澳大利亚蛇呢。

有一年我弟弟和他太太从纽约飞到地球的这端找我，在雨林以及牧场上帮我照顾宝宝。我弟弟到现在还会提起埃迪3岁的时候，告诉他各种鸟类是怎么叫的，连鸟的学名他都知道！埃迪常常跟我一起搭车，我在车上都会播（一播再播）鸟叫声的磁带，好学会辨识它们的品种，只是没想到埃迪记得比我还熟。我的孩子的确是在很特殊的环境下长大的，他们还是小孩子的时候，就已经和我一样对科学充满了热情。即便是跨越半个地球，我的家人还是愿意来帮助我，如果不是他们，我绝对没有办法一边工作，一边维持我的家庭。

我相信很多女人都可以体会我的心情。参与种苗研究时，我的工作就是不断辨识、记录种苗，然后每3小时就得跑到我们野外的营地，喂养宝宝、抱抱他，帮他灌一大杯水，然后再赶快跑回样区，辨识我刚刚不在的时候，其他人发现的未知种苗。我就这样一边研究，一边照顾宝宝。虽然很忙乱，但是我做得来。晚上我就让埃迪睡我床上，喂他喝奶，陪他睡觉，这样我就不用起床去照顾他，他也不会大哭大闹，毕竟小屋的墙壁非常非常薄。

即便我在种苗计划里是相当重要的种苗鉴定人，但我还是不免担心那些男性同事会因为我边工作边尽母职而感到不满。现在很多职业都很尊重父母养育子女的责任，但是1980年的澳大利亚，我在努力兼顾家庭与工作之余，多少可以感受到别人轻视的眼光。

种子雨下完，种子也发芽了，种苗必须要努力撑过少年期。子叶发出来后，再长出来的就是第一对幼叶。这时候的种苗通常都是在林荫底下，处于压抑的状态，慢慢地成长，累积实力，但是不会向上长得太快。一旦长到可以忍受轻度的干枯和轻微的物理伤害的程度，就代表它们已经准备好进入前期更新的阶段，这个年纪大约就像人类的青少年。从发芽到前期更新的这一时期，死亡率非常高。

过去 30 年来，3.7 公顷的澳大利亚雨林中有 65000 棵种苗，只有不到 6000 棵种苗成功发芽（不到 10%，我们没有记录藤蔓，藤蔓发芽的情形一定比树株更活跃）。然后又因为缺水、被动物践踏或是淹水等物理因素，这些发芽的种苗可能又有低于 10% 的真正熬过新生的前几周。只有不到 1% 的种苗能够继续生存，进入前期更新的阶段，然后茁壮进入次冠层，甚至是树冠层。在我们的雨林样区内，大概有超过 60 万颗种子发芽，但是我们从来就没有替它们做过标记，因为我们每年进行种苗调查的 11 个月间，它们就都已经死了。

此外，森林里面的掠食者，也可以在短短的几小时内，消灭一整代的种苗。曾经有一只澳大利亚丛冢雉为了在森林地表找蛴螬吃，在不到几秒钟的时间内就把某块区域一整年的种苗给践踏了。还有一只丛冢雄雉为了筑巢（冢），把一大堆种苗（连同我们的标签）通通给耙走了。我们曾经在昆士兰拉明顿国家公园里面发现一个丛冢雉的冢，里面有好几百个种苗标签，全都是从好几英尺外的样区耙过来的。

丛冢雉的冢由很多东西组成，包括一堆泥土、树枝、石头，这个特殊的冢会随着树枝腐烂，慢慢地散发出热量以孵化鸟蛋。公鸟不仅会负责打造冢，还会照顾鸟蛋直到孵化，是一种非常罕见的抚育模式。在澳大利亚肯负责家务的男人简直是异类，就跟森林里面的丛冢雄雉一样稀少！

还有许多掠食者也会伤害种苗，好比说喜欢在地面上游荡的有袋动物，像是俊面沙袋鼠[1]、沼泽鼠[2]，还有罕见的卷尾鼠（prehensile-tailed rat）[3]；鸟类的话则有刺尾鸫[4]，还有鹤鸵[5]，这种鸟很喜欢把泥土跟种苗翻来翻去，找蛴螬一类的“点心”吃（有好几位身强体壮的田野助理在北昆士兰看到鹤鸵时都吓得半死。据说它是世界上最危险的鸟，还会用腿去踢其他生物呢）。

最后，种苗终于进入前期更新的阶段，但是外在极端的物理条件，还是有可能造成树苗的死亡，譬如过长的干旱期、食草动物的侵袭或是落石意外压断主茎等。

在森林彩票投注活动的最后阶段，地表上发育的种苗需

---

[1] 学名 *Macropus parryi*，袋鼠科。

[2] 学名 *Rattus fuscipes*，鼠科。

[3] 学名 *Pogonomys mollipilosus*，鼠科。

[4] 学名 *Orthonyx temminckii*，木鸫科。

[5] 学名 *Casuarius casurius*，鹤鸵科。

要更多空间以及引进阳光的林隙才能持续生长。耐阴性树种可以在林荫底下存活好几十年，但是要发展成大树，阳光是关键。不耐阴性树种如果一开始没有阳光，就连发芽都不可能。

雨林就像是由林隙拼凑起来的拼布，大树倒塌、一根树枝断掉，甚至连一小片叶子掉落出现的缝隙，都会对森林地表的亮度造成很大的影响。这些林隙大幅改变着森林地表的生长条件，进而提升物种的多样性。

在我们超过 35 年的种苗记录中，测绘森林的林隙，能帮助我们更深入理解种苗的生长动态。对照处在林隙底下的和没有林隙的种苗，记录很清楚地告诉我们，如果种苗想要在短时间内向上生长，得仰赖随机的物理条件改变后所形成的林隙。在没有林隙的情况下，有些种苗能处在压抑的状态，维持缓慢的生长速度达数十年之久，默默等待着有朝一日光线的降临。我们样区里有些种苗已经进入前期更新的状态，但即便已经过了 30 年了，它们还是只有 5 英寸高。种苗在林荫底下的压抑状态究竟能维持多久呢？希望多年以后，我们有办法回答这个问题。

我们手边的这份种苗发芽、生长和死亡的记录时间跨度长达 35 年。这些数据又有什么用呢？之后我们会将这些数据输入计算机中，方便我们评估其中可能存在的规律。但是光靠观察记录，要从上百种树种中预测未来生长的模式，简直难如登天。有些树种有成树的记录，但是却没有幼年期或是更年轻的数据；譬如加勒比海红木和 scrub turpentine[1]的树苗，除了名字很难念以外，在地表上也非常难遇到！有些树的成树以及种苗很多，但却没看见任何树苗，好比说愈疮木[2]。有些树种则非常罕见，几乎每个龄级的样本都没有，像是 brown beech[3]、twin-leaf tuckeroo[4]。这些树种的未来会怎样呢？剩下来的母树会突然就结实吗？这些树种会不会在我们有生之年，就在这一带绝种了呢？那些常见的树种（檫树、步庸木）会不会有变稀少的一天呢？这些常见和罕见的物种以及它们纷繁的生长和死亡模式，就是这个雨林的未来；需要好多年的持续观察，才能够透析更多数据背后的秘密。

我们每年都会进行树苗考察，每 5 年检查一次成树，经过数十年的数据收集，我们现在可以预测不同树种的结实物候，但若想要完全量化这个复杂的森林彩票投注活动，可能要花上好几个世纪吧。

虽然在收集了 35 年的数据后，我们还是没办法回答所有的问题，但是我们终于开始了解不同的机制，观察它们如何影响树冠层的变化，这其中包括了种子的大小和散布的方式、物候、掠食者和病原体带来的影响，还有机运。我们现在知道只有 5 英寸

---

[1] 学名 *Rhodamnia rubescens*，桃金娘科。

[2] 学名 *Premna lignum vitae*，蕿藜科。

[3] 学名 *Pennantia cunninghamii*，茶茱萸科。

[4] 学名 *Rhysotoehia bifoliolata*，无患子科。

高的种苗，可能已经在森林里待了 30 年，这种认知确实改变了我们对雨林保育的观点。与此同时，我也经历了男孩们的婴儿期和幼年期。种苗和孩子都为我带来了挑战和快乐，更加丰富了我的人生。

第六章

通往天堂的高速公路

每当我看见桦树左右摇摆，

交织在那些更直更黑的树干之间，

我便想象有个男孩正在上头摆荡……

男孩离城镇太远、没学过打棒球，

他唯一知道的游戏是自己发明的，

不管夏日或是寒冬都能一个人玩。

一棵又一棵，他征服了父亲所有的树，

一次又一次，他在上头把树全都给荡弯……

我也曾经是个荡树的孩子，做梦都想回到以前那个样子……

我想要暂时离开这片土地，然后再回来好好地过日子……

就让我爬上桦树，踩着黑枝丫、爬上白树干，

直达天际，直到树木再也承受不住，

于是垂下枝头再次把我放回地面。

这样上下来回再好不过，

而有人所做的，可能比荡桦树者更糟。

——罗伯·弗罗斯特（Robert Frost）著，

《桦树》（*Birches*，1916）

我们还是孩子的时候，就已经学会爱惜树木。我们爬树、在树枝间建造堡垒，躺在树下的草地上，看着枝丫在风中摆荡，心中羡慕着猴子和小鸟的敏捷，然后我们在腐朽的树干上，发现了迷人的小动物。或许最奇怪的是，我们总是站在地面，以极其狭隘的眼光赞叹树木的美。我们抬头仰望，努力想要看清那交织的枝丫和叶片，猜想着那些我们触碰不到的隙缝中，究竟都住着哪些生物。

后来我离开了澳大利亚，到威廉姆斯学院担任生物学教授，我想要和这些充满热情的学生，分享树冠层的精彩和美妙，因此我打造了一个用以研究的“树屋”，这是让学生体验树冠层绝妙之处的极佳方式。

飞越太平洋的旅程好像永无止境，特别是身边还带了两个小孩子的时候。前几年我也有过这样的飞行经历，不过那时候孩子还只是襁褓中的婴儿，看来带着已经学会走路的小孩子是比较轻松的。

埃迪已经5岁，詹姆斯也3岁了。半夜时我几乎不能睡觉，先是带这个去上厕所，回来再带另外一个去上厕所，给他们果汁、水，还有饼干，手边苏斯博士的书也是一读再读。我一边计算着我们 14 小时的旅程还剩下多少，一边打开我用漂亮的包装纸准备的各种小礼物，就是为了让孩子们不要闹脾气、转移他们的注意力。

早上 9 点钟，我们抵达洛杉矶。在通往海关的路上有很多地方都在整修，一条又一条的漫长步道，对新移民来说一定非常沉闷。到了海关区，眼前又是特别长的队伍在排队，弯弯曲曲的像树枝状的河流一样，占满了偌大的海关区。但是能重新站在美国的土地上，还是让我感到如释重负，无论如何心情都还是很好。在我过海关时，年轻的海关人员看着我说："欢迎回家。"顿时，我便流下了两行泪。不稳定的情绪再加上这趟旅程的艰辛，让我终于"溃堤"。那时我才发现，几个月来不管是精神上还是实质上的准备，都真的让我累坏了。

过去的 36 小时，我和孩子们一路从牧羊场来到悉尼，飞越太平洋，横跨美国领土，这对一个健康的成人来说已经很辛苦了，更何况是一个带着两个孩子的母亲。历经那么多情绪波动后，安德鲁和我决定暂时分开，让我可以认真地钻研科学，看看我是否真的想要在科学界工作，又或者追求科学只是个未完成的梦。

我永远记得 1989 年 5 月的那一天，我接到威廉姆斯学院生物系的电话，邀请我到系上担任 6 个月的客座教授，我暗地里喜极而泣。虽然收到邀请让我感到很自豪，但回过神来想到我夫家的人可能会因此感到不满或是为难我，内心就开始纠结。我也永远忘不了我先生在他母亲面前，粗声粗气地说我可以接受邀请，好让我以后对这种“学术的东西”彻底死心。

即使我的工作被看轻，但是我先生不情愿地让我接受挑战，还是让我高兴透了。我婆婆警告我，说一个称职的太太绝对不会把先生一个人丢在家里。看来我和婆婆对于何谓一段美满的婚姻见解迥异，这令我非常难过。我相信她很努力地想要帮助我成为一位好太太，但是我就是没办法做个传统的女人，我永远忠于自己。我也希望这 6 个月的暂别，可以让我们更珍惜彼此，更尊重彼此不同的价值观（至于那些在我们出发前打包好行李、努力让家看起来还算正常的痛苦细节，就永远私藏在我的日记里了）。

我和孩子们过了洛杉矶的海关之后，还得再忍受 4 小时，才能搭上国内班机。经过漫长刻苦的学术训练后，我很高兴自己终于可以学以致用了，但是接受这份工作还是存在几个问题：我现在是带着两个孩子；我有一半以上的家当都留在了地球的另一端；那时我租的房子长什么样子我都还不知道；两个孩子来到了他们完全陌生的环境，就连当地的语言也令他们难以理解；而且我的薪水少到我都可以领政府发的粮票了。但是这些琐事跟我抛诸脑后的事比起来，根本无关紧要。我们安全到达美国了，对我来说，这里就是我的“希望之地”。

结束跨越太平洋的漫长旅行后，孩子们有好几天作息都颠倒，他们会在大半夜醒来，在白天睡觉，但他们的生物钟还是慢慢调回来了。1990 年 10 月，我们抵达新英格兰地区的马萨诸塞时，正是秋老虎发威的一周，我担心孩子们会想爸爸，但是他们忙着认识这个新环境，忙着感受陌生的风景、陌生的味道和声音。埃迪总是很乐观，他笑着告诉我，现在我们家总共有 6 个人，也就是我、埃迪、詹姆斯、外公、外婆，还有他的舅舅爱德华（这次他终于有机会好好认识后面这三个人了）。

虽然还没看过，但我们已经在学校附近跟一位即将休假的教授租了套房子。感觉这是最实际的做法，毕竟我没有太多时间找房，他的地方又有家具等设施。房租比我的薪水还高，所以我根本没想到那会是一套破破烂烂的房子。但是在这个小镇里，一个兼职的教授也没有太多选择（那时候我天真到不知道原来薪水是可以商议的）。这房子也算是房产经纪人的梦想样式吧，就是“装潢可以有很大发挥空间”的那种。有一扇永远关不起来的外门，所有的窗户都没有纱窗或是防风设计，只有几片塑料板遮挡。一想到马萨诸塞的冬天有多冷，我瞬间怒火中烧。

房主所谓的“装潢”跟我们想象的差了十万八千里。每间房都有一张床，但那不过就是几张底下垫了几块砖头的床垫。更糟的是，每个角落都是厚厚的灰尘，害得我的儿子们喷嚏连连。我的父母好心地花了 3 天时间帮我又擦又洗，还帮我用吸尘器清扫了地面，但也只是让厚重的灰尘看起来轻盈一点而已。而且，厨房里的每一个用具都好像残留有前面好几餐的痕迹（我后来听说教授的太太是承办酒席的，用的就是这些餐具）。除了昂贵的房租及额外的暖气费以外，我买了盘子、棉被，还有一些家具，好让我的儿子们在这个新世界可以感到舒服点。

埃迪和詹姆斯生来就很活泼好动，竟然都非常喜欢这个又冷又恐怖又乱七八糟的家。外婆很爱他们，给他俩一人买了一辆三轮车。因为家里的走廊和客厅没摆什么家具或是地毯，于是就成了兄弟俩的赛车天堂。家里很快地就多了一堆二手玩具，平常会放到收纳篮里，但如果全部堆起来，兄弟俩的房间就像多了一件件七彩的家具。有好几个晚上我得和堵塞的马桶缠斗，电路有时候也会出问题，但我们还是熬过来了。

教授和学者似乎是很特别的一群人。他们或许是世界上最聪明、最有天分的人，身负教化下一代的重任，还要为未来不断创造崭新的想法。但是在另一方面，他们的生活很不实际，遭遇意外状况的概率比别人还要高上许多，得忍受不稳定的婚姻或是伴侣关系，生活状况有待改善，总是会用很奇特的方式修补东西，像是用胶带把坏掉的冰箱门粘起来之类，而且喜欢在图书馆和自助洗衣房之间流连忘返（即便是有钱买洗衣机的人，还是会过着学生时期那种刻苦的生活）。搞不好哪天我会写一本有关学术人怎么生活的书，应该会很精彩。身为学术界的一员，我对自己同样具有上述那些古怪的行为，感到很惭愧。但是身为一个母亲，我希望自己可以活得正常点，因为我的孩子可是会有样学样的。

作为一个即将进入职场，还要喂养两个孩子的母亲，我的第一个任务就是给詹姆斯找托儿所。这项任务对初来乍到的我来说并不容易，因为我不清楚附近托儿所的评价如何，而且还有一堆人在争名额。镇上最受欢迎的托儿所就是大学日间托儿所，但是排队的名单特别长，我只好先帮詹姆斯报上名，然后继续找替代方案。

我发现了一家教会办的托育中心，每天早上 7 点就开门了，有家庭没钱或是没时间给孩子准备早餐的，他们还会提供早点。而且这家托育中心离我们家只有两个街区。中心的地板上铺着抗菌油毡，游乐场单调乏味、没有树木，可以俯瞰一条大马路。这个中心马上就可以接收詹姆斯，所以我暂时让詹姆斯待在这儿，同时也继续找更合适的托儿所。

至于埃迪呢，已经要上小学一年级了。他在澳大利亚已经上过幼儿园和几个月的小学，但他的阅读能力大概是小学四年级的程度。在澳大利亚的时候，我故意让埃迪提早入学，这样他就不会在家感受到紧张的气氛。看来，埃迪应该可以去上威廉姆斯镇小学的一年级。虽然澳大利亚人不反对送 5 岁的孩子去上学，但美国人（尤其是在大学城里的人）好像喜欢让孩子愈晚入学愈好，入学年纪大概是 6 岁，甚至是 7 岁（或许也是考虑到竞争力，年纪大一点的小孩表现本来就会比较好)。埃迪那时5岁，比他的同学都要小很多，跟他的新老师讨论过后，我决定让他再读一次幼儿园，和自己同龄的小孩玩在一起。他花了一年的时间适应新文化，学习人与人之间的相处，而不是读书写字，但这一年对他来说是非常积极的经历。

埃迪开始上学后的第一个月，常常是回到家了午餐却还没吃，我问他为什么，他说班上同学一直要他念单词或句子，因为大家都很喜欢他的澳大利亚口音。开学一周后，我们买了南瓜来刻，这对两个澳大利亚男孩来说非常新鲜，因为他们从来没有过过万圣节，都只听我讲过故事而已。我成了我们所在街区最会刻南瓜的人，我们刻了一堆东西，有花脸猫、妖精、巫婆，还有太阳脸。我发现身为一个独立抚养孩子的妈妈，我努力给孩子百分之两百的爱，可能是下意识地想要补偿他们身边没有爸爸的缺憾。不过这两个男孩并没有觉察到缺失，他们是在充满爱和付出的环境下长大的，最重要的是，这个家里没有争吵。

这两个小家伙面对巨大的文化差异，很快就调整过来了。我们第一次到学校游乐场玩的那天，不出几分钟詹姆斯就哭着跑回来了，他被眼前的游乐设施吓到了，有木制迷宫、滑梯，还有各种挑战。他长这么大还没见过那么复杂、那么大的玩具。但是不到一个月的时间他就玩开了，也不再害怕，初见游乐设施时的眼泪似乎只是个小小的插曲。他和埃迪两个人吃得好睡得好，学会了跳到枯叶堆里、一起踢足球，他们还愈来愈喜欢吃比萨、美味的冰淇淋、口味百变的早餐麦片、新鲜现煮的玉米，还有南瓜派，这些都是他们来到美国后才认识的新东西。我们住在牧场的最后一年，埃迪不知道为什么出现眼睑抽搐的症状，但现在这种紧张才会出现的毛病也消失了。

幸运的是，大学日间托儿所竟然有多余的名额，所以詹姆斯就入学了。我们才来到美国不久，但詹姆斯的托儿所老师告诉我，詹姆斯根本就是托儿所的校长，小孩子都很听他的话，连大人也是，不过他是那种很善良、很温和的人。我永远忘不了那天接到托儿所老师的电话，他很紧张地问我，詹姆斯认不认得一种叫欧白英的植物。我告诉他詹姆斯认得，托儿所马上把另外一个孩子送到医院紧急洗胃。原来那个孩子摘了托儿所栅栏附近一种有毒茄科的果子吃了。托儿所的老师不认识那种植物，但是詹姆斯警告他们那种植物有毒，于是詹姆斯成了当地的小英雄。

因为家里灰尘太多，埃迪过敏流鼻涕的症状变得更加严重了，所以我就带他到儿科做了全面检查。医生用了一种我们在澳大利亚没见过的仪器，很快就检验出结果。医生诊断说埃迪因为耳朵积水的关系，听力下降了35%，可怜的小家伙！这也让我回想起以前，我先生会因为他说话埃迪不回应就处罚埃迪，现在想想我终于明白了，或许埃迪没反应，是因为真的没听见，而不是因为要挑战他父亲的权威。

我们偶尔会和孩子的父亲通电话，因为时差的关系，所以几乎都是在半夜，而且安德鲁白天几乎都在外头忙着照顾牲畜。每每通电话，埃迪和詹姆斯都会很兴奋地告诉爸爸很多事，他们的新学校、新朋友、新玩具，还有在马萨诸塞的种种冒险。每当我问他们的爸爸要不要来找我们，跟我们一起生活看看，他总是会说，他对美国一点兴趣都没有，他不想看到我，也不想造访威廉姆斯镇。或许我是自己骗自己吧，我还以为这次分开只是暂时的。似乎我们两个的文化差异，远远大过于婚姻的约束力。

当上教授后，我的第一个任务就是指导一个寒修班（Winter Study），教什么主题都可以。所以我让学生研究雨林保育所延伸的问题，包括社会、经济、政治在热带雨林管理上的分歧。我的课几乎都在我家客厅进行，这样学生讨论起来会特别热烈。有一年我教了一堂田野生物课，课程还包括到佛罗里达州参观海岸生态系统和哈莫克生态系统（hammock ecosystem）。能够到有别于马萨诸塞天气的地方走走，学生们都很开心！

学生时代，寒修班大概是我的最爱，整个学期只要专注在一个主题上，小班制也可让教授照顾到每一个学生，而且还有难得的田野调查机会。我还在澳大利亚时，就已经教过威廉姆斯学院寒修班的学生，那时我课程的名称是“澳大利亚的生态系统”。15 位学生从美国飞到澳大利亚，分别在雨林、珊瑚礁群以及内陆各考察一个星期，那次的学习对他们来说是非常难能可贵的田野经验，对我来说则是专心教导田野生物学的一次机会。对我的孩子们而言，那次的经验也非常特殊，因为他们被 15 位大哥哥大姐姐“领养”，还跟着他们一起造访珊瑚礁群和雨林。虽然参与田野工作时带上孩子，我总是得额外花上很多心力准备，但是大自然里的千万种奇遇，也因此丰富了詹姆斯和埃迪的童年。

在威廉姆斯学院担任教授时，工作量很大，但是回馈也很多，学生们总是提出很有挑战性的问题，而且主动要求延长讨论时间，有时候甚至会直接打电话到我家。不过，我很享受这种思考上的碰撞，能够回到学术圈也让我非常兴奋。很难想象，几个月前我还在澳大利亚牧场里想象着这种生活。我的梦想没有让我失望，这里的生活和我想象的一样精彩。

在威廉姆斯镇生活的第一个月里，最特别的就是和两位知名作家的见面。1990 年 12 月 4 日，我受邀到哈佛大学，为以爱德华・奥斯本・威尔森（Edward Osborne Wilson）为首的生物多样性研究小组，报告我对澳大利亚树冠的研究。威尔森是生物多样性研究领域世界闻名的专家，能和如此有声望的生物学家见面、说话，是我莫大的荣幸。他的写作习惯也带给我很多启发，他的学生说，每个星期一早上，他都会带着好几页写得密密麻麻的活页纸，让秘书替他重新誊写。

另外一位知名的作家就是吉尔・凯尔・康威，那时她才刚完成了极畅销的回忆录《库伦来时路》。她在书里巨细靡遗地描述了她在澳大利亚牧羊场成长的过程，其实库伦离我们的牧场红宝石山庄不远，而且我在澳大利亚的一些经历和她在 20 年前经历过的非常类似。她探讨了澳大利亚的性别议题，还有作为一个女性学者，如何为了追求思想自由终于“逃”到美国（离开澳大利亚后，她成了史密斯学院的校长）。冲动之下，我提笔写信感谢她，说她的书对我而言非常重要，更影响了很多我在澳大利亚乡间的女性友人，我也是因为受到本书的启发，才决定接受威廉姆斯学院客座教授的邀请的。她马上就回信给我，建议我离婚，再也不要回到那块土地上。她甚至还给了我她在马萨诸塞阿默斯特市的女律师的名字。看到她措辞如此激烈的回信，我很激动，也很感谢她如此同情我的处境。

埋首在威尔森对自然历史的深刻描绘和康威对澳大利亚万物的鲜明描写间，我也开始考虑着手写书。

我在学校教的是环境研究导论（有超过 100 名学生）和高等植物生态学（这是实验课，大概有 20 名主修生物学的学生）。在学校教书时也有些特别的回忆，像是某个一年级学生选了一本《在森林里怎么大便》作为环境研究的文献报告；也有些敏感问题，好比说一些女学生控告教授性骚扰。然而，在这个小小的学术圈里总是充满想法、创意和计划，这和在澳大利亚内陆的生活完全南辕北辙，而那生活也已经远在天边了。

当我回顾努力在做母亲和学术工作之间挣扎的那几年时，

发现了一个最大的缺憾：我在自己身上花的时间太少了。我的孩子茁壮成长、事业也渐入佳境，但是我的私人生活却一片空白，也没有培养其他兴趣，但是多年后，我也渐渐对这个遗憾释怀了。

时值2月，我先生要求我和学院解约，3月就立刻回到澳大利亚。他在电话那头说："你够了。"对我来说，要下决定很简单，我和孩子们在新环境里很开心，我也觉得自己有义务要教完这学期，我执意要完成我的任期，远在澳大利亚的那一端却无法认同。

为了纪念这个艰难的决定，顺便抚平电话中的争吵带来的创伤，我计划了一个短期旅行。就像很多新英格兰地区的居民一样，到了2月下旬就会觉得该出门走走了。感觉佛罗里达州是很不错的选择，除了暖和以外，还可以带孩子们看看海岸生态系统。两个男孩简直爱死了萨尼伯尔岛上丁达林野生动物保护区里的短吻鳄和玫瑰琵鹭、螺旋沼泽的群鹳栖息地，还有在卡普蒂瓦岛附近悠游的海牛。马萨诸塞的大学城生活确实很精彩，但是什么也比不上在寒冬时拜访温暖的佛罗里达。

回到威廉姆斯学院后，我想带修高等生态学的学生到野外考察。找了一些资料后发现，马萨诸塞大学在楠塔基特岛有个野外观测站，四周环绕着有趣的海岸以及岛屿生态系统。为了完成这项任务，一位老朋友自愿在这次考察中，担任埃迪跟詹姆斯的保姆。于是到了4月的春天，我们在一个冷冽的周末搭乘邮轮横渡楠塔基特湾，大海宽广的视野和特有的味道，无不让人通体舒畅。

科德角半岛是莱姆病的疫情中心，这种以蜱虫为媒介的传染病会让人体力不支、疲惫、长期不适。带着一群年轻人来到这里，加上还有蜱虫的问题，我的压力一定很大，因为第二天晚上我就满脑子想着蜱虫而睡不着觉了。我拿着手电筒下床，来到詹姆斯的床边，他看起来睡得很熟，但不知道为什么，我突然伸手摸他的右耳后面，结果发现一只正在吸血的蜱虫。这是母亲的直觉还是纯粹的运气好呢？我永远也想不透，为什么我的第六感会突然告诉我那里有只蜱虫，不过我的学生听了之后，都更小心了。不管有没有蜱虫，那次我们在楠塔基特岛上探索生态系统，玩得非常开心。

在我担任大学教授期间，用单索技术进入树冠层这件事开始让我产生无力感。我还是研究生的时候，单索技术很适合我，便宜又方便携带。但如今我已是老师，我没办法用一条绳索和我的学生分享树冠经验，因为单索的装备一次只能一个人使用。我教学生爬树，为了生态研究我们也买了一些装备，但是绳索依然大大局限了课堂活动的内容。

20 世纪 80 年代，那时树冠研究才刚刚起步，进入树冠层几乎只能一个人独力完成，不论是利用单索技术、梯子，还是观测塔都是如此。虽然有几种方法还在研发中，但根本没有工具可以让一群科学家同时在树冠上做研究。唯一比较可行的做法，只有法国人设计的树冠筏（Radeau des Cimes，详见第七章）和工程用的起重机（详见第八章）。很显然，比起一个人的绳索，那种可以让好几个科学家一起工作的设备造价高多了。

就像天上掉下来的礼物一样，有一天我收到一封阿默斯特附近的一位树艺师写的信。他不仅对工程非常在行，有在树冠工作的经验，还对热带雨林的保育充满使命感。他询问我是否愿意与他合作。我脑袋里开始蹦出一堆可能性：树屋、树桥、观树平台，还有研究用的攀树装置。这个与我素未谋面的人，有可能和我讨论那些天马行空的想法吗?

他愿意。1991 年 1 月 30 日，我们约在早上 9 点见面，那一天，我“通往天堂的高速公路”的想法正式诞生。

巴特·波里修斯（Bart Bouricius）和我花了好几个月绞尽脑汁，一起设计霍普金森林的树冠步道，霍普金森林是威廉姆斯学院在马萨诸塞西北部的研究林。当地一个关心环境议题的基金会给了我们一笔 2500 美金的补助，这样的预算包含了 2 个有沟通桥连接的平台、一架 75 英尺高连接地面的梯子，还有给学生穿戴的安全装备（我们两个人的苦力则是无偿的）。虽然打造步道的花费还不及一台显微镜，但事后证明这步道是促进科学发展的绝好投资。

步道让人可以安全地、长时间地研究树冠，也促进了更多长期的合作研究，这些都是利用绳索办不到的。我们也替平台和沟通桥定下了标准的造价，以利于我们在其他森林打造同样的步道。和树艺师合作着实让我眼界大开，每天都可以学到新的词语：有眼螺栓、有眼环索、航空钢缆、镀锌钢管、捆绑铁丝、U 型螺栓、吊索钩等等，巴特用这些材料打造出了一条坚固、耐久又安全的树冠步道。

我们的工程在 1991 年 5 月竣工，那时天气还很冷，因为雪季还没结束，我的手指头没有一刻是暖和的。巴特负责主要的建造工作，我则是在地面负责支援。我们在森林里面忙了好几个周末，利用工作以外的闲暇时间打造步道。由于这是我们的第一个作品，所以全部测量我们都讲求精准，并且随时注意控制成本。巴特也变成当地五金店铺的常客，因为他总是花很多时间细心挑选各式零件和材料。

我们的一丝不苟终于得到了回报，2 个中间有座 25 英尺长的沟通桥的平台在 4 个星期内完成了。我们在森林里举办了“洗礼仪式”。树冠学家兼摄影师马克·莫菲特（Mark Moffett）也从哈佛大学过来，在树干上开了一瓶香槟、帮梯子剪彩，对着来参加仪式的生物学教授和学生发表简短的演讲。我们都很高兴可以用新的方法进入树冠层，每个人都对探索这个我们习以为常的温带森林的树冠层感到跃跃欲试。

多亏了这一学期学生的优秀研究成果，让我们的步道不只是个华而不实的树屋而已。修高等生态课的学生们几乎都对树冠充满热情，那个夏天好几个学生自己设计了专题，在我们的“绿色实验室”里进行各种研究。在这片离地有 75 英尺高的平台上，他们研究树叶的生长、树冠物候、小型哺乳类的数量、昆虫的种类、树木的生长，甚至研究酸雨。

其中有个专题让威廉姆斯学院的树冠步道在树冠研究领域更受瞩目。彼得·泰勒（Peter Taylor）和亚历山德拉（亚历克斯）· 史密斯（Alexandra [Alex] Smith）一起合作诱捕树冠层里的小型哺乳类动物。彼得研读过杰伊·马尔科姆（Jay Malcolm）的研究，后者设计了可以诱捕巴西热带树冠里小型哺乳类动物的装置。这个装置利用一套滑轮系统，将一个三层式的陷阱固定在树冠上，这样重复采样就不需爬上爬下了。彼得决心要在温带林中将此装置如法炮制，于是跟我借了车到镇上的五金店铺买了木柴、钉子，还有其他材料。经过了好几天的又锯又钉，他打造了 4 个世界上最新的可以活捉野生哺乳动物的捕捉器。

这些捕捉器非常有效，学生不仅成功捕获了白足鼠，还捕获了鼯鼠，而且不是普通的北美鼯鼠，而是灰色的南方鼯鼠。在这之前，马萨诸塞北部都没有这种鼯鼠的记录，这一带鼯鼠的资料也不齐全。我们最大的发现是，鼯鼠会吃舞毒蛾。难道学生发现的是新英格兰舞毒蛾的新掠食者吗？因为这一想法太振奋人心了，彼得决定利用他在大四时进行的专题研究，继续寻找答案。

又过了一季的采样，彼得发现学院研究林的橡树枫树混合林的树冠层里有数量丰富的鼯鼠，而且舞毒蛾虫蛹在树冠层被捕食的数量，比在地面上还要多上许多。如果一个区域的舞毒蛾数量偏高，就会成为鼯鼠主要的捕食对象，这似乎是在平衡这种森林大害虫的数量。

虽然过去政府花了上百万经费研究舞毒蛾，但从来没有人想过要捕捉小型哺乳类动物，或是在离地 6 英尺的高度，针对舞毒蛾的虫蛹做实验。彼得是第一人，他是第一个在新英格兰树林的上层树冠里实施哺乳类动物采样的，后来他也在这个大家看似熟悉的森林栖息地有了全新的发现。这就是田野生态学给我们上的一课：或许我们以为对自家后院（像是这次的温带森林）了如指掌，但却可能对头顶上的生命一无所知。

这个学期非常精彩，我也有几次难得的机会，可以向学生介绍许多知名的科学家。因为我不是像之前那样，大老远回来只待一个星期，所以有好几位以前的美国同事都来到马萨诸塞看望我。但是他们最主要的秘密任务其实是要说服我不要再回到澳大利亚乡下，他们觉得那个地方和我想要追求科学的理想太不契合了。

姑且先不管他们来拜访的目的是什么，能让他们和我的学生见面交流，感觉真的很棒。来拜访的学者有食植和植物压力专家帕特里斯 · 莫罗（Patrice Morrow），知名的叶子化学家，同时也是舞毒蛾专家的杰克 · 舒尔茨（Jack Schultz），毛虫肠道生理专家海蒂 · 阿佩尔（Heidi Appel），我的毒蛇导师兼枯梢病好伙伴哈尔·希特沃，昆虫学家兼《美国国家地理杂志》御用摄影师马克·莫菲特，还有提倡环境保育事务的白宫官员戴维·科廷汉姆（David Cottingham）。几位我以前在威廉姆斯的同学，也来到课堂上参与讨论：环境保育局的约翰·科尔（John Cole）、专攻环境法的简·戈德曼（Jan Goldman），还有专门研究作物害虫的唐纳德·韦伯（Donald Weber）。除了我的学生以外，我的儿子们也很高兴家里来了一堆客人，能和他们一起分享对昆虫还有其他奇怪生物的喜爱。

温带森林的季节变化和常绿的澳大利亚雨林形成了鲜明的对比，经过 40 多年，我终于扭转我的温带本位主义了。在澳大利亚的那 12 年让我深信，比起落叶森林，常绿的树冠才是常态。但是马萨诸塞简单的季节转换规律让人松了一口气，树叶只能活到 10 月，所以食植行为和树叶生长的记录不到一年就可以完成。在这里我们可以做年度的比较，不需要像在雨林一样还得考虑叶龄。更棒的是，食植昆虫的数量一到冬天就会归零，等到夏季时再暴增。虽然热带树冠层里的无脊椎动物种类较多，但是 7 月橡树林激增的毛虫数量同样令人惊叹。温带林昆虫的数量有明显的波动，它们的活动集中于某一短暂的高峰期；热带的昆虫则整年都相对很活跃，但在长叶时活动的高峰期较少。

我的一个学生埃文·普赖塞尔（Evan Preisser）研究的是温带森林树冠和地表的昆虫多样性及数量。就如同先前对小型哺乳类的研究一样，也还没有人利用现代的方法进入温带树冠层再加以研究。史密森学会的昆虫学家特里·欧文的研究曾指出，热带树冠的昆虫较具多样性，但是埃文却发现就温带林而言，靠近地面的昆虫数量比树冠层还多。或许温带林底层的物理环境较无害，对生物的生存较有利；而树冠层风大，生存环境反而严峻。相较之下，热带雨林的底层非常阴暗，导致生物种类不多；而树冠层阳光充足、生产力较高，也因此吸引了许多生物。我们需要更多像这样的比较研究，才能够更了解不同森林里面的哪些层次具备的生物多样性最丰富。

木已成舟。我在澳大利亚的朋友告诉我，我的婆婆已经替我先生找了位新太太，代替我在安德鲁生活里的位置，她显然具备我所欠缺的特质，家庭对她来说是最重要的，没什么追求工作的渴望。另外，电话那一头不悦的口气也让我明白，我不应该再踏上那块牧场了。

真正让我下定决心的是威廉姆斯延长我的任期，全薪续聘我一年。我负责环境研究和生物学，这简直是美梦成真。不到几天我就做出了决定。孩子们在这里很开心，我的生活充满挑战，安德鲁也找到一位可以跟他爸妈处得更好的妻子，所以我们两个都不需要再备感压力了。

这个结果并不完美——孩子们需要爸爸，我也需要伴侣，我也相信安德鲁很想念他的孩子，但是就目前的情况来看，没有什么办法能尽如众人所愿。我很想念牧场上那个舒适的家，在那里，有人会帮我开支票、修理爆胎，但是我也非常渴望遵从自己那份对科学的热情。或许再过一年，我们都会更懂得珍惜对方；也可能我太天真了，继续分开只会让我们的文化和情感价值观更背道而驰。

树冠步道成了北美非常受欢迎的教学和研究工具。巴特和我后来也在许多温带地区打造步道：马萨诸塞阿默斯特的汉普郡学院，用来研究候鸟；纽约米尔布鲁克的米尔布鲁克中学，让学生研究树冠；北卡罗来纳州科威塔生态保育区，佐治亚大学的生态所在那里研究食植行为；还有在佛罗里达萨拉索塔的塞尔比植物园，是为大众教育而建的。我们已掌握模块化设计的概念，而且建材可耐受长达 10 年的风吹雨淋。我们也把步道的建造延伸到了热带雨林，在伯利兹、加里曼丹岛、厄瓜多尔都建有步道，墨西哥和哥斯达黎加等处也都在计划中。

1996 年，我飞到萨摩亚的萨瓦伊岛，协助一个偏远乡村打造树冠步道。在民族植物学家保罗 · 考克斯（Paul Cox）的带领下，村民们计划建造一条可以结合生态旅游的步道，希望可以借此吸引游客，并以旅游代替伐木筹集建造当地新学校的资金。这些村民非常关心雨林的生态，希望后代的子孙也能够拥有完好的雨林。看到有人如此尽职地保护生态，也让我们对南太平洋岛屿雨林的未来充满信心。

我们的步道网络每年都在扩增中。从澳大利亚、萨摩亚，到北美洲、中美洲、南美洲都有比较性的研究，甚至连非洲的乌干达都有个步道点，只可惜我还没有机会造访。我希望10年后的学生，可以更进一步针对树冠生态做比较研究，而这些平台和步道是能协助他们更安全、更容易进入树冠层的工具。

第七章

乘热气球飞上世界屋顶

但对一个充满好奇心和仰慕之情的博物学家来说，那一切全都遥不可及。得一直追溯到穹顶之上、那阳光直接照射的地方，才看得见百花齐放。低于 100 英尺的树木，根本看不见一朵鲜花绽放。唯有乘着热气球，飘过宛如波浪起伏的花海，森林最美的景色方能尽收眼底。但这样的奢侈，或许未来的旅人才得以享受。

——阿尔弗雷德 · 罗素 · 华莱士（Alfred Russell Wallace）著，

《亚马孙河流域游记》（*Travels on the Amazon*, 1848）

身为田野生物学家，我的生活多少带有点童话色彩。一位我带过的守望地球组织的志愿者曾寄给我一张卡片，上面有这么一句话："不管你怎么想，我的生活真的是这样！"如果你的工作和一般人不一样，这句话肯定会打动你，因为我就被打动了。身边的朋友听到我的工作经验无不啧啧称奇，有时候连我自己都觉得不可思议。1991 年我参与了赤道非洲的"树冠筏计划"，如此难能可贵的经验不真实到连我都觉得仿佛置身梦境。我童年的梦想成真了，就像绿野仙踪里的多萝西（Dorothy）一样遨游天际。

当初我和孩子们一路从澳大利亚搬到马萨诸塞郊区，我想要的是普通人一般的生活。但是这样的愿望，对一个在顶尖文理学院教授生物学的年轻妈妈来说，或许只是奢望。我每天的生活都是研究、设计课程，应对那些聪明的学生打电话问问题的挑战，偶尔还会接到先生从澳大利亚打来的电话，看看我到底失败了没有。但我没想过的是，一通来自"热带的电话"会再次令我无法自拔。

1991 年 5 月，我注意到《科学》杂志上有一则广告："树冠使命学会（Canopy Mission Society）的最新树冠筏任务，该任务将于 1991 年 9 月至 10 月在非洲热带雨林进行。有兴趣参与跨领域研究的科学家，请与主办单位联系……"

只要听过弗朗西斯·哈雷（Francis Halle）的树冠筏和热气球的人，就一定会联想到童年那些爬树和玩气球的经历。每个小孩都曾经梦想过乘热气球环游世界，哈雷也一样，不过他把自己的梦想变成了现实，圆了他自己还有许多科学家的梦。他设计了一种热气球，航行在树冠顶端进行研究；也设计了充气式平台（称作气筏），用于树冠采样。这两种装置组合在一起，成就了树冠筏计划，更激发了空前的热带合作研究。更多的细节在后面会提到。

在 6 月 1 日之前，我就寄出了申请表，7 月 2 日收到了确认信，我花了好几个星期才相信这是真的，我要去非洲喀麦隆了！刚果盆地、疟疾、响尾蛇、约翰和特蕾莎·哈特夫妇（John and Terese Hart，我非常景仰的两位生物学家）的研究区、行军蚁、电影《非洲女王号》（*African Queen*）和巨星亨弗莱·鲍嘉（Humphrey Bogart）、埃博拉病毒、扎伊尔（现刚果民主共和国）的大瓣苏木林[1]，以及没有任何文献记载的野生树冠、未曾被发掘的生态，树冠层的昆虫种类更是未知。但

[1] 非洲一种高大的优势树种，学名 *Gilbertiodendron dewevrei*，苏木科。

因为我平常还要忙着照顾小孩、忙着班级工作，根本没有时间好好消化即将展开的冒险。

我是这次考察中负责研究树冠食植行为的科学家领队，因此可以带上两位助理。我邀请了哈佛大学的昆虫学家兼优秀的树冠摄影师马克·莫菲特，他将协助我辨识树冠中的昆虫，并摄影做记录。另外我也邀请了纽约北部的米尔布鲁克中学的富有热情的科学老师布鲁斯·林克（Bruce Rinker），他会负责测量叶面积，并和我一起给高中生物课设计与树冠相关的课程。

经过4个月严密的行前准备后，我们终于准备启程了。各种田野需要的补给塞满了我们的行李，里面有胶卷、诱捕灯、网、电池、样品瓶、带有蚊帐的吊床、防蚊喷雾、另一堆胶卷、笔记本、酒精、放在吊床里的尿瓶（以免晚上考察时附近没厕所）、紧急医疗包、一堆底片、测量树叶硬度的穿透仪、方格纸、酸梅（万一想吃酸的）、奥利奥饼干（田野工作非常辛苦，我通常都靠吃饼干来维持我的体力）、小剪刀、镊子、下雨天可以看的几本田野手册和科学文章，最后还是一堆底片。

去非洲前要打一堆疫苗，多到我都不想去了。不过这一长串打疫苗的过程，对我来说也就像是某种科学训练。先是要确定该打什么疫苗，然后要在一堆学术研讨会和家长会之间计划预防接种的时间，最后还要忍受打完疫苗后的不适。所有参加考察的人都必须接种以下疫苗：

1. 预防疟疾的甲氟喹（口服）；

2. 黄热病疫苗；

3. A 型肝炎的免疫球蛋白（这一剂非常痛！）；

4. B 型肝炎疫苗；

5. 伤寒热疫苗（非常痛的两针，间隔一个月打一次，我觉得我愈来愈不喜欢打针了）；

6. 破伤风疫苗（去偏远地区建议打）；

7. 霍乱疫苗（又是非常痛的两针，间隔一个月打一次，我现在是真的不喜欢打针了）。

我们只去 12 天，感觉打这么多疫苗好像太大费周章了，但是谁也不想感染传染病。那阵子扎伊尔爆发埃博拉疫情，非常致命，这也让国际上开始担心新型的疾病可能会从热带地区“溜出来”。1995 年时，埃博拉病毒无药可医，该病经由体液传染，有 80% 的感染者都会丧命。病毒的起源到底是不是扎伊尔的基奎特很难说，但是猴子有可能是病毒的携带者。虽然田野生物学家都全心全意投入工作，但我们在雨林工作时，即便没有说出口，每个人多少都会担心自己感染上疾病。

这次的考察能够顺利展开，多亏了我父母生性乐观，非常支持他们女儿对工作的选择。我嫁给了一个不愿意让太太自由工作的男人，而他所处的社会也认同他的这种想法。所以当我回到美国，看到自己的研究被支持，甚至被尊重时，感到很不可思议。年轻女性往往在事业最高峰的时候，得面对所谓的“负累”，包括孩子、房屋贷款、大学贷款、年老的父母，还有无法理解她们工作野心与渴望的另一半。

这次到非洲是我第一次一个人参加植物考察，在澳大利亚研究时得带上孩子，偶尔还有从美国远道而来帮忙带小孩的家人同行，这样的组合并不容易，但我也只有这个折中的办法。一想到可以心无旁骛地在田野里工作 12 天，心情激动之余我也充满感激。

虽然我的父母不是很喜欢我在偏远的热带雨林工作，但是他们对孩子总是无条件地付出，所以终究还是接受了。我父母以前是老师，那时遇到的最恐怖的事，就是在学校餐厅里被飞掷的三明治打到。他们都是在纽约的埃尔迈拉长大的，从结婚到现在都还住在同一栋房子里。这对如此保守和传统的父母，到底为什么会生出这样一个即将在非洲丛林里乘热气球的女儿呢？这大概会是我们家族里永远的谜题。

我很幸运，我的父母亲很用心地教导我，即便他们并不总是认同我追求科学的热情，但仍旧愿意在我外出的时候，给予我帮助。看到他们如此疼爱自己的外孙，我也很放心把孩子们留在家里让他们照顾。我请不起可以待在家里帮忙照顾小孩的保姆，也不愿意把小孩托给兼差的看护，我待的地方又常常没有信号，而且田野工作一定会有它的风险。

非洲大概是我去过最偏远、最难抵达的地方。我重新拟了一份遗嘱，买了一份高额保险，也和我父亲联名在银行租了一个保险箱，这些都是一个负责任的妈妈出外远游前应该做的事情。

11 月一个寒冷的早上，我的同事布鲁斯从米尔布鲁克出发，开车带着我一起来到奥尔巴尼的机场。我们的另一位团员马克，会从波士顿直接飞到巴黎跟我们会合。前往机场的路上，布鲁斯跟我到超市的甜点区买了 3 块甜肉桂卷，在出发前的最后一刻享受一下“罪恶”的西方美食（我除了沉迷于科学以外，还沉迷于甜点）。

任何一个田野生物学家，在机场办登机手续时都得花上很多时间，也需要非常有耐心。我相信奥尔巴尼机场没有遇过有旅客乘国际航线时，行李里面装了紫外线灯（还带了 2 个）、电线、鲸鱼尾环扣、一个大型的花园用杀虫剂喷洒器。经过审慎的检查，还有巨细靡遗地回答了许多问题后，我们终于通关了。我们第一段航程搭的是快捷航空，因为飞机超重，必须卸掉 4 个行李，很幸运，我们的名字都没有在随机抽中的名单上，真是可怜那些运气不好的旅客。

这次的非洲之旅简直超乎我的想象，如此广阔的一块大陆，它充满谜团、鲜少人探究，科学研究相对匮乏。在我们行前的 4 个月准备时间里，几乎找不到什么刚果雨林盆地的文献。位于喀麦隆北部的坎波动物保育区，不过就是地图上代表我们目的地的一个点。这里曾经被视为热带世界物种最多样、最丰富的地区，杰拉尔德·德雷尔（Gerald Durrell）也在书中生动地描写了他在20世纪50年代探索喀麦隆野生世界时的所见所闻。除此之外，几乎找不到该地区相关的已发表文章。

我很期待将非洲这第三个大陆，和其他两个拥有热带雨林的主要地区做比较（旧世界或印度–马来西亚地区，以及新世界或新热带地区）。这种洲际的比较一直是我毕生的目标之一。过去的10年里，我仔细记录着旧世界热带雨林树种的树冠食植行为，发现年轻的阴生叶脱叶的频率，比阳生的老叶还高。我也观测了叶片组织，看哪一种叶肉比较容易（或不容易）被啃食。现在，经过多年的累积，我终于有机会把这些发现，在另外一块大陆上进行验证了。

转机是在巴黎。我们在那里待了12个小时，等待前往喀麦隆的班机。这次转机也算是给我们上了一堂经济课。我们搭出租车去卢浮宫的车费被收贵了，但是当时我们不太清楚法郎兑换美金的汇率，所以就开心地付了钱。等人到了卢浮宫，钱却不够买门票时，才发现自己被坑了。即便如此，我们兑现了一些旅行支票后，还是欣赏到了《蒙娜丽莎》，还有博物馆里的其他艺术品。

之后，我们拖着疲惫的身躯回到了机场，继续等晚上到杜阿拉的班机，杜阿拉是喀麦隆最大的工业中心。等待的时候，我们玩起了最爱玩的“谁是科学家”游戏。之前我们注意到航班的传真文件上至少还有两位科学家也会搭同一班班机，所以我们小心地观察每一位旅客，看谁穿着科学家必备的宽松裤子、变黄的球鞋，背着满是污渍的背包。虽然我们后来一个也没猜中，但还是开开心心地登机去了。

飞机降落到杜阿拉国际机场时，完全没有灯光，所以我很确定我们已经抵达非洲大草原。那时是清晨 6 点，天昏地暗的，正值热带地区的冬季。军方官员检查了我们的行李，虽说是清晨，天气还是非常闷热。如同许多热带地区的入境机场一样，这地方看起来不像是一个女人该独自前来的地方，机场到处都是军方人士；还有一堆人急着要帮你提行李，不然就是漫天喊价地招揽我们搭出租车。我们的主办单位已经告诫过，千万不要随便看人以及与人交谈，最重要的是时时刻刻盯着、双手护着自己的行李。

我们三人后来搭上一辆迷你巴士，是亿而富石油公司（赞助考察的公司）派来的接驳车，沿路经过许多萧条的地方。低矮的小屋、穿着迷彩装守着工厂大门的警卫、路边嗅着垃圾的野狗，都显示了这座城市不安稳的状态。彼时喀麦隆正处于政治动乱期，由军方掌权，政府内部也有些混乱。

破晓时分，我们抵达一间由铜墙铁壁包围着的屋子，等待要搭下一班飞机回美国的研究员起床。出乎我意料的是，在这些亿而富石油公司的研究员里，竟然有我的朋友伊夫·巴赛特（Yves Basset），几年前他还是研究生时，我曾在澳大利亚的雨林里教他爬树。

虽然我每年都在不同的地方认识不同的人，但是我却觉得这个科学的圈子愈来愈小，知识网络渐渐地把我们好几个人联结在一起，而且这种以私人交情建立起来的人际关系，在科学界里我们似乎是最后一代。现在的人际网络只需要通过计算机、利用电子邮件，就可以快速、无阻碍地建立起来。或许在未来，同事不需要面对面就能合作；生物学家甚至也可以找到不用走出办公室就可以进行田野工作的新方法（像是通过第八章提到的远程操控摄影机）。然而这种科技的发展，将会抹杀只能从共同经验中培养出来的"革命"情感。

在偏远的地方一起工作，真的可以加深同事间的情感，而且在偏远的丛林工作时，我们都会谨慎选择要和谁一起生活和共事。计算机网络或许方便有效率，但却缺乏人与人之间的真实互动，无疑也改变了科学家之间所建立起来的关系。

我们等了好几个小时才出发前往丛林。有人告诉我们，杜阿拉的工业区在过去 9 个月来，已经发生过好几次罢工。大家只在星期六上工，所以路上冷冷清清的，建设也没什么进展。我们的司机，同时也是树冠任务（Opération Canopée）的后勤人员罗兰（Roland）说，他手边有一堆的工作要做，但是罢工的情形让他很沮丧。在这里没办法打电话或是发传真，因为接线员没上班；把人送上树筏的新椅子因为缺了一个电子零件，所以根本修不好（在任务的第二天就坏掉了）；我们还需要添购甲氟喹，因为有几位科学家不小心把药忘在家里了。在这个什么都无法运作的城市里，要完成这些事根本就是不可能的。所以我们干脆就地坐下，像犯人坐牢一样待在出租屋里，听着外头喀麦隆小孩在街上的嬉闹声、男人的修车声、女人晾衣服前清脆的甩衣声，以及城市里小鸟的啁啾——多半是八哥，还有一些灰胸绣眼鸟，另外听声音判断像是还有美国赏鸟人士口中的 CFW（不知是哪一种莺）。

前往任务营地的路程真是令人难以置信，和城市的街景截然不同。我们搭乘四轮驱动的三菱汽车，上面载满了人和行李，以时速 140 千米的速度在高速公路上驰行，相当引人注目。不出一会儿，城市里那股令人不安的氛围消失了，取而代之的是郊区的穷苦景象。人们把高速公路当成人行道走，沿路看到什么就捡起什么。剩下两个轮子的手推车装满了木材、拐杖和瓦砾。当车子以至少 100 千米的时速疾驶于两边满满都是人的道路时，感觉非常恐怖。黄昏时分，放学后的孩子们也加入了高速公路上行走的人潮中。沿路我们碰到 6 次检查，罗兰坚持要我坐在前座，他认为如果警察看到女人，多半会表现得文明一点，尽快放行。这招还真奏效——难得在这种偏远的田野工作中，我的性别竟然带来了好处。

车子开到海边的度假胜地克里比后，转进一条狭窄的泥巴路，开始出现农村的景色，每间小屋都透出烛光，依稀可见几张正在享用晚餐的脸庞，沿路时而冒出小小的火团，充满魔幻的氛围。有人在屋外吃东西时，桌上也点了蜡烛，我几乎可以感受到潮湿的空气中的那股祥和感。

我们终于到达树冠行动的营地，这里也有光亮，不过是震耳欲聋的发电机所制造的，而非来自无声的烛火。这场景让我想起某部丛林电影，影片中就有空旷的土地和茅草屋。树冠行动已经进行 2 个月了，晚上大概会有 50 个人留在营地过夜，其中有 10 个人次日就要离开。人真的很多，我们大家紧挨着，开始沿着寝帐屋顶下的长线架起自己的吊床。

当我把吊床展开时，旁边一个看起来装扮时髦又健壮的法国人把眼睛瞪得好大。他看起来不是很高兴，一个女人干吗来搅和他苦行僧式的爬树冒险。还好我听不懂他用法语唠唠叨叨地到底都在抱怨些什么。在非洲的赤道丛林里，同时听到法语、德语、日语和英语等好多种语言，这感觉真的好奇妙，虽然不知道大家在说些什么，但我却可以体会大家同为探究树冠的心情。

睡在吊床的第一个晚上，就像大学兄弟会、姐妹会的迎新仪式一样无聊，但（有些）人就是愿意忍受。我记得我不断地看手表，11 点半、12 点半、1 点半，然后默默地听着一场演奏会，这首独特的交响乐是来自 46 个在吊床上仰睡的男人的鼾声！幸运的是，至少在吊床里不会被蚊子咬，因为我们都带有蚊帐来保护自己。营地里另外有 3 个女人，但是她们明天就会离开，接下来的 2 个星期，我就是营地里面唯一的女性了。

夜间的非洲森林非常惊人，充满各种声音，有夜鹰、青蛙、蝉，还有许多不知名的昆虫。一大清早就可以听见犀鸟嘶哑的嗓音和它们吵闹的振翅声。犀鸟是非洲雨林生态里很重要的生物，据说超过 70% 的西非雨林树种都会结出多肉的果实，而这种显眼醒目的鸟类就是雨林里主要的传播者。而且有别于我们对共同演化的预期，在这里，不同种类的犀鸟并没有演化至只吃特定大小的果实。相反地，犀鸟是投机的，非洲肉豆蔻[1]的树冠上，常常可以见到不同种的犀鸟（有时候还有猴子）一起食用成熟的果实。犀鸟会利用巨大的鸟喙，先收集一堆果实，然后再飞到灌木丛里，尽情品尝自己储存起来的战利品。犀鸟只吃掉多汁的果肉，种子则会毫发无伤地通过肠道，跟着排泄物落到土里。

我们跟犀鸟没什么两样，在营地吃东西时也非常吵。食物种类的变化很大，质量则和补给车来的频率绝对有关。在每个星期的最后几天，我们就会有不知名的肉类淋上肉汁并搭配马铃薯的餐食。有天晚上，我们注意到肉的质地看起来像舌头，有颗粒状那样的味蕾，只是不知道是哪种动物的舌头。也有人说食材里可能还有动物的其他部位，不过这些都只是纯粹

---

[1] 学名 *Pycnanthus angolensis*，肉豆蔻科。

的猜测而已（至少我们希望是这样）。可是如果有补给车来，就会有像蒜蓉虾、牛排佐牛油果这类比较讲究的菜色。厨师好像不是很会做甜点，尽管他们努力尝试做过巧克力布丁，但是到我们手上的却是一杯又甜又浓稠的可可浆。

虽然在美国的医生告诫我们不要吃生菜，也不要吃任何用水洗过的东西，可是我们实在是忍不住，色拉实在太美味了，而且当地的生菜跟波士顿的生菜味道差不多（甚至更好吃）。我尽量避免吃用当地的水洗过的食材，以防生病，但不是每个人都那么幸运。如果你在偏远的热带非洲闹肚子的话，基本上只能躺在吊床上好长一段时间，然后还要不时地跑厕所。在营地有限的时间里，这样度过实在不是很愉快。

我也非常小心地避免被蚊虫叮咬，不但穿了长袖长裤，还时不时地就狠狠地喷一下防蚊液。我希望通过这些防范措施，可以不被那些疾病的传染媒介，像是苍蝇、蚊子，还有其他不明飞行物攻击。但很不幸地，在我最没防备的时候——洗澡时，被鹿蝇叮了两个包。这种苍蝇是河盲症的病原携带者，河盲症也是热带疾病里非常严重的一种。不过我的同事向我保证，只有一半的鹿蝇带有病原体，这也算是一个小小的安慰了！

身处在只有我是唯一的女性的营地里，洗澡是一件很困难的事情，不只是因为洗澡时有昆虫叮咬，更是因为有一群人很喜欢来打扰。我大概是当地土著俾格米人观察美国女性身体结构与沐浴的主要研究对象。每次拿着毛巾去洗澡时，一群土著人就会跟着我，我的同事们看到这一幕都觉得很好笑。这些土著人最常做的事就是先爬到铁皮屋顶上假装是在检查水管，然后通过屋顶的缝隙窥视我的淋浴间。有一次他们拿着大砍刀就过来了，十来把砍刀在淋浴间周围对着杂草砍个不停。早上起来穿衣服也很麻烦，但是我只能忍着。

还有我的内衣裤，隔三岔五就会消失不见，我们猜一定是被附近村庄的土著太太拿去穿了，如果是那样也好，希望她们觉得我的品味还可以。在营地的最后一个星期，发生了一件很好笑的事。一条又大又宽松的女性内裤不知道为什么突然出现在我的吊床上，可能是大家在营地捡到的就觉得那是我的。我想那条内裤一定是大到连土著女人都不想穿，所以才会被丢回营地，传过一张又一张吊床，让一群男人在那里哄笑个不停。

俾格米人每天都会从邻村经过营地，再回他们的村子，边走边在头上顶着一摞完美平衡的木头。虽说有理论认为非洲雨林可能是人类祖先的发源地，但是这些地区大概是在1000年前才开始有人类居住的。西非这边开始农耕或是在森林里烧荒僻地，也是非常晚的事，对植被历史的影响可能也不大。俾格米人的食物主要是靠打猎取得的，工具包含狩猎罗网、弓箭和长矛。事实上，如果没有地陪陪同，我们是不可以随便进入森林的，因为森林里随机埋藏着捕兽陷阱，而我们的眼睛是根本看不出来的。森林是打猎的好去处，里面还有丰富的水果、坚果、香料、各种纤维和药材。

相较于近年来中南美洲一些较大型的考察，非洲民族植物学方面的进展显得相当缓慢。不过早在 20 世纪 90 年代，一位名叫约翰·麦克尤恩·达尔齐尔（John McEwan Dalziel）的医生兼植物学家，就已经在西非详尽地辨识出超过 900 多个属（genus）的有用植物。对非洲人而言，有关药草和其他产物的传统知识，一直是很重要的文化传承。喀麦隆药用植物研究中心也开始记录各种药用植物。在充满像疟疾、艾滋病等致命疾病的大陆上，热带植物的药用价值在未来或许可以突破许多重大的医学困境。譬如，许多非洲人以及旅客都会感染几内亚龙线虫，但利用一种风车子属[1]灌木的叶子制成的敷料便是非常有效的驱虫药。

在我们营地附近的俾格米人村有几个人染上了疟疾。营地医生弗朗索瓦·梅格尔（François Mgrel）非常幸运，不需要负责其他工作，所以他便开始分发药物，也因此和这一代的当地人建立起了友谊。村子里有个小孩脸上长了淋巴瘤，医生说服小孩的家人让他拍下这个体外生长的肿瘤，好让他征询巴黎外科医生的医疗建议。对俾格米人来说，拍照是一件非常敏

[1] 学名 *Combretum mucronatum*，使君子科。

感的事；已婚的女人绝对不可以拍照，据说那样会影响她们的生育能力。

也因为医生实在太闲了，他还在营区里面弄了一个很不错的羽毛球场，只要有人想打球他便随时奉陪。当地人非常喜欢看球赛，他们觉得一群白人在那边追着一只那么小的塑料“小鸟”跑非常有趣。

营地里有位厨师是本地人，我认为应该算是我的朋友。他提议带我去邻近的村庄看看，这样我就可以体验更多当地的文化和环境。但其实他别有用心，他是想让村民看看他最新的“藏品”——我！还好那时我说服了另外一位男科学家陪我同去。一条泥巴路贯穿整个村庄，两旁都是小屋，中间则是学校和一小间店铺。我帮学校里的孩子拍照时，他们都非常开心，也很喜欢我们带去的糖果和铅笔。我们参观了学校仅有的三间教室，老师进教室的时候，学生们都会很有礼貌地起立。教室里是泥土地、硬板凳，一块黑板和几支粉笔就是他们仅有的教具。这与我们西方教育的教室全是道具和装饰比起来，简直是天壤之别。很难想象这群孩子每天从早上 9 点到中午，再从下午 2 点到 5 点，都是在这所学校上课的。我真希望可以给他们的不只是几盒铅笔而已，而他们没有任天堂也没有乐高的生活，却让我有些羡慕。

热气球每天早上 6 点准时启程，在天气与工作人员身体状况许可的情况下升空。森林里面清出了一大块空地作为释放热气球的平台，地面上铺了塑料防水帆布，在踏上这块塑料帆布前一定要先脱鞋才可以。

法国人做起事来有种井然有序的随性，换作美国人的话，一定会大吼大叫地下指令、告诉对方该怎么做，搞得现场一团乱、紧张兮兮的。当驾驶员丹尼（Danny）在热气球底下点燃火焰时，两个非洲人就帮忙在前面拉住绳索。每次热气球升空前，都会先放飞一个小气球来测风向，这一大一小的气球组合，是高低技术的美妙组合。

终于要出发了！色彩炫目的热气球缓缓地飞起，轻轻掠过空地旁伞树[1]的树梢，驶向一大片绿海。

我们对非洲热带雨林的了解非常有限。这边的赤道森林还没有使用过树冠喷雾法，这种方法有利于研究节肢动物的多样性，在许多地区都已被广泛使用。非洲是块四面环海的大陆，许多稀有物种都是在这里孕育和发源的，但是非洲森林的面积在不断缩小，这些物种的栖息地也岌岌可危，这迫使我们必须在非洲热带雨林消失殆尽以前，好好研究这块大地。

我们的树冠考察是赤道非洲这一带首次的合作计划，研究结果无疑会在科学界创下许多新纪录。虽然面临着腹泻、生活物件短缺（没有电灯、电扇、冰）、装置不时出现故障、在潮湿又闷热的雨林里爬树让人精疲力竭等各种挫折，但是对科

[1] 学名 *Musanga cecropioides*，伞树科。

学家来说，这种打先锋的感觉非常振奋人心。

只是走在营地附近的森林步道上，就十分耗费体力。走不了几分钟，连运动健将也会满头大汗。我带来的奥利奥饼干，让我在正餐中间多少补充了些体力，尤其是早上那段时间，脆皮面包搭配黑咖啡的法式早餐根本不足以果腹。树冠筏停留在离营地 2 公里左右的树林上方，第一天我们步行前往。我发现在树林里根本看不到红黄相间的热气球，一方面因为它太高了，另一方面也因为走了一段路以后，我的眼镜因为呼吸起雾了。等雾气蒸发后，我看到一条蛇状的绳索从树林上方的开口处垂下来，它将带我们前往上面的世界。

绳索有 55 米长，连接着地面和树顶上的气筏。马克先爬了上去，背着很重的摄影器材，喘到连赞叹美景的力气都没有。接着是我，但我似乎怎么爬都爬不到终点。我经过一个非洲蜂窝、几株藤本植物，还有忍不住采了几个样本的冠下层，再穿过通往气筏的豁口，最后抵达树冠顶端。在爬完将近 18 层楼的高度后，我累到直接躺在网状的平台上，享受了数分钟从下面灌上来的无比清凉的微风。

树冠筏看起来和感觉上都是一艘巨大的充气船，风一吹，它就摇摇晃晃地吱呀作响，上面装配有绳索和系缆。充气的管子上很聪明地设计了口袋，可以让我们放工具，以防用品“跳下船去”。布鲁斯是最后一个上来的，他爬到一半的时候突然有点恐高，这对第一次进入树冠层的人而言，十分常见。我们建议他最好坐在某一固定的位置上，不要像我跟马克一样跳来跳去。布鲁斯负责协助我们将昆虫加以标记与分类。树冠层的温度超过 100 华氏度（38 摄氏度），我们带的水不到中午就喝完了，大家都严重脱水。我也因此中暑了，一直觉得恶心，头痛得厉害（结果那个下午我都在吊床上休息、喝水、吃奥利奥饼干以恢复体力）。

对上层树冠的动物和植物来说，生存环境是比较有压力的。伊夫 · 巴赛特从他的树冠层采样中发现，和树冠层里面比起来，树冠上层的物种多样性单一，物种数量非常少，某些鸟类和哺乳类几乎不会在这里出现。生长在树冠顶端的树叶，能够适应严酷的气候条件，像是烈日、强风、暴雨。根据我们的德籍同事赖纳 · 勒施（Rainer Lösch）的测量，这些树叶韧性强、体积小，光合作用的速率快。相较之下，树冠下层的树叶因为光线不足、光合作用的速率较慢，为树株制造的能量也较少。不过这样的树叶昆虫特别爱吃，因此冠下层的叶面上布满了密密麻麻的啃食痕迹。

事实上，不管是就外观还是生理结构而言，同一树株的树冠层叶（阳生叶）和冠下层叶（阴生叶）的差异，比不同树种间树叶的差异还要大。和阴生叶相比，阳生叶的特征包括面积较小、韧性较强、含水量较低、颜色较浅、光合作用速率较快，而且生命周期较短。

为什么昆虫喜爱阴生叶甚于阳生叶呢？因为阴生叶比较

柔软适口吗？或纯粹是因为冠下层食植昆虫的数量本来就比树冠顶层多？这些问题的答案是什么呢？未来无疑会出现更多的树冠研究和更多的问题。像树冠筏这种创新的树冠层探索工具，将能够让科学家找出更多的答案。

从气筏上降到地面的感觉非常美妙，相较于爬上去的千辛万苦，下来的路程既轻松又便捷。利用鲸鱼尾环扣，可以让我们在短短几分钟内，顺畅地“滑”到森林地面。因为气温下降，再加上满脑子都是等待享用的美味晚餐，大家步履蹒跚地走回营地，直奔浴室。虽然我在树冠筏上晒了一整天的太阳，身上又热又黏，沾满了剥落的树皮、腐殖土跟昆虫粪便，但还是不情愿去淋浴间冲个冷水澡。因为冲澡的水没有过滤过，也不知道是从哪里引来的，所以让我非常犹豫。但田野生物学家对这类风险已经习以为常了，虽然我很有可能不小心吞下一口被污染的水，但我最后还是决定洗个澡。

我花了几个下午在田野实验室里分析树叶。我们用轻便的工具测量叶面积、长度、重量和硬度，在这偏远而原始的非洲雨林里进行研究。没想到在这个田野实验室里，不仅有一台最先进的微型计算机可以量化叶面积，还有一个全职的技师帮我们操作。来参加考察的科学家都可以利用这台计算机，并得到技师的协助。我从来就没有在偏远的田野里进行过这么缜密的数据收集。

但是有些人因为外力的影响没办法使用更精密的仪器，

他们的田野计划就没有这么顺利了。像是马克斯·普朗克研究院为了研究树冠顶层的大气，从德国寄了1300公斤的行李，其中还包括许多昂贵的科学仪器。不过那些设备全都卡在杜阿拉，得等相关文件下来才能过海关。后来仪器终于送到营地，但是那些德国科学家再过几天就要离开了。但他们还是架起了满是电线的帐篷，摆满了刻度表、瓦斯桶和仪器等等，打造自己的分析实验室。照理说这应该是一个很棒的计划，但实际情况是一堆零件坏掉了，德国人气到咒骂连连。他们的任务十分艰巨，树冠顶层大气的研究非但没有人做过，而且是广受关注且非常重要的创举。

第二天气筏上的情况没有昨天那么惨烈，因为我们已经知道大概的状况了，布鲁斯被留在营地里，继续冠下层树叶的研究。我带了2提6瓶装的水和心爱的奥利奥饼干以便随时补充体力。为了采集树冠食草动物的样本，马克跟我也带了许多工具：捕虫网、捕虫盘、样品瓶、镊子和昆虫喷雾。我们发明了一种新的微型喷雾法，每次的喷雾范围只在气筏周遭约一立方米内。这种做法应该要叫作水雾法才对，因为水滴大小比一般的喷雾法大。以这种小范围喷雾法，虽然采样数量比我们之前在地面上所采集的少了许多，但却可以让我们在不破坏生态的前提下，同时在多个位置采集样本。

我们采样的树种都是我以前没见过的。我们所采集的这片区域的优势树种为苏木科的 *Dialium pachyphyllum* 以及香膏

科的 *Sacoglottis gabonensis*，它们树冠顶端的叶子都是长椭圆形、叶质偏硬、滴水叶尖[1]。大雨过后，滴水叶尖可以加快叶面水分的流动，让叶面很快变干，这样可以减少叶面附生植物的生长，同时增加下方根部的进水量。在 12 天的考察里，我们采样的树种高达 28 种，测量了超过 1200 片树叶。我们也计算了树叶上食草动物的数量，并交由马克带回哈佛大学的比较动物学博物馆辨识种类。

这次考察最出乎我意料的个人成就就是我的膀胱，我半夜睡觉都不用去上厕所，一次也没有，太神奇了。生产后我的膀胱变得很无力，大多数当妈妈的人应该都可以理解这种困扰。至于为什么我的身体这次会这么合作呢？我想有以下 3 个原因：潮湿闷热的气候让我体内的水分多半和汗水一起排掉了；窝在吊床上睡觉的姿势比较不会压迫到膀胱；想到半夜上厕所可能会踩到凶猛的行军蚁[2]，就让我尿意全无。我们常常在傍晚看到列队的行军蚁朝厕所的方向进攻，它们应该是为了晚餐才突击粪坑的吧。

这些行军蚁是非洲森林的一大奇景，它们爬行的速度极快，总是急着要赶去某个地方似的，行进方向不同的多条队伍更可以同时层层交叠前进。有个俾格米人带我们去看他用狩猎

[1] 热带雨林树叶的特征，雨林降雨时，末端拉尖的叶子具有排水的功能。

[2] 学名 *Dorylus sp.*，和新热带地区的军蚁很相似。

陷阱抓到的大型哺乳动物，但很不幸，行军蚁比他更早发现了猎物，大量涌入的行军蚁硬生生地把猎物撕裂成了两半，队伍所过之处尸体吃得只剩下一堆白骨。这种死法对动物来说真是残忍。俾格米人和他家人的运气也非常差，晚餐就这样被行军蚁吃干抹净了。

蚂蚁称霸非洲低地森林的生态系统，在地面层非常活跃，树冠层里也有几种常见的蚂蚁。我们看到了几种喜蚁植物，例如山榄科的 *Delpydora sp.*，其叶柄长满绒毛，交织产生的孔隙成了蚂蚁的栖身之处；梧桐科的可乐果树丛（cola bush）[1]，蚂蚁也会躲藏在它们的囊袋里。喜蚁植物为蚁群提供庇护所和食物的同时，也使自身免受其他食草动物的侵害。在树顶常常可以听到大家抱怨说，树冠层的蚂蚁太多了，随便动一下气筏就有可能打翻蚁巢；被惊动的蚂蚁马上躁动不安起来，运用它们的咬人绝活，见一个咬一个。印象中我被蚂蚁咬过很多次，到现在身上都还留有好几处蚂蚁咬的痕迹。不过我也非常佩服这些小小的蚂蚁的力量，竟然攻击比它们大上好几千倍的敌人，而且还打赢了！

考察的第一天马克就发现一种很罕见的蚂蚁，他认为那应该是织叶蚁属的新种（这种泛热带的蚁属已经有好几百年没发现过新种了）。我们乐得不停地采样，把一些样本保存在酒

[1] 学名 *Cola marsupium*。

精里，马克还拍了好几百张照片做记录。

布鲁斯以其达尔文进化论的角度推测，既然有新的蚂蚁品种，附近一定会有相对应的（也就是尚未被发现的新种）拟态蚁蛛。果然，经过一番搜寻，我们发现了几处蜘蛛巢穴，而里面确实有拟态蚁蛛。这些蜘蛛看起来就像蚂蚁一样，不过它们有四对脚（当然还有丝囊和其他较不明显的特征）。一只蚁蛛从蜘蛛丝上跳出来，抓住一只没有防范的蚂蚁，然后带回巢穴慢慢享用。蜘蛛的动作非常快，以免其他蚂蚁看到它会反过来杀了入侵者。蚁群的世界真是充满戏剧性啊！树冠里的蚁窝看起来就像一堆枯树叶一样，但是千万别小看这些枯叶堆。

有位村民拿着大猩猩的头骨来营地兜售，布鲁斯很想把它带回去当作米尔布鲁克中学的藏品，但受制于他的保育道德，再加上带着濒临绝种的动物的头骨过美国海关的风险很大，他打消了这个念头。那位村民说这只大猩猩攻击过他，还给我们看了他腿上的伤口，而大猩猩的头骨上面也有许多大砍刀的砍痕，是村民重伤大猩猩致死的痕迹。他的说法引起营区诸多科学家的辩论，大猩猩真的会那样攻击人类吗？还是那只是村民捏造出来的故事，以掩盖他想贩卖濒临绝种动物的头骨的事实？

在丛林的第二个星期，我的睡袋跟吊床开始变得脏脏黏黏的。我常常不小心睡在手电筒上，好几次醒来大腿上都有一大块手电筒的压痕。睡吊床的日子跟睡床垫比起来舒适度可真是天差地别啊。我们忍不住洗了点衣服，布鲁斯的旅行书上千叮咛万嘱咐，不要在野外晾湿衣服，因为某些苍蝇会到湿布上面产卵，然后幼虫（或是大家比较常讲的蛆）就会趁你穿衣服的时候钻进皮肤里。但我们每天还是会晾湿毛巾（而且因为一直流汗的关系，衣服也都湿漉漉地“晾”在身上），所以这些苍蝇幼虫也算是在非洲热带做研究的另一种风险吧。

考察的最后一天早上，我们是利用新的滑橇（或称吊艇）采样的，这是弗朗西斯·哈雷非常具有创新性的设计，让我们可以在树冠上滑行。幸运的是，拂晓之后的天空晴朗而平静，这对使用滑橇来说非常重要。丹尼进入驾驶座后，发动了丙烷燃烧器，布鲁斯、弗朗西斯和我则在三角形的滑橇上各占一角，接着热气球便缓缓地把我们带到晨雾之中。空中的景色太迷人了，缕缕低云缭绕，树群隐约其中。我们的任务就是利用捕虫网扫过树冠以重复采样，每棵树扫过的次数都要一样。这种做法和海洋研究船在海中利用拖网采集浮游生物的样本很像。

滑橇靠近了一棵开满紫色花朵的巨大非洲杧果树[1]。从这个高度看这棵树，与从下面看的感觉截然不同，因为在地面上，你只会注意到它巨大的板根，而根本看不见树顶的花朵。热气球缓缓地下降，让滑橇可以滑行在树冠层上。我和布鲁斯马上利用长柄的捕虫网，各自在滑橇附近扫了 10 次，再把

[1] 学名 *Irvingia gabonensis*，假杧果科。

捕虫网连同捕捉到的昆虫，一起放进塑料袋里，然后在开口处快速喷洒杀虫剂，再把袋口封住。传统的做法是在重复完扫网的动作后，耐心地把昆虫从网上一只只抓起来再放到样本瓶里，但是我们没有那么多时间，而且在滑橇上很难扫一次就清理一次昆虫，所以我们先把捕虫网连同塑料袋绑起来，然后再用新的捕虫网捕捉下一批样本，晚一点（等我们安全落地后）再从袋子里把熏晕的昆虫一一拿出来。

我们在另一棵非洲肉豆蔻上的扫网就有点失败，因为滑橇突然撞上了一棵不知道从哪里冒出来的树，这一撞害得我们全身掉满了蚂蚁，热气球赶紧把我们向上拉高的同时，我们也已经被狠狠地叮咬了。虽然在树顶上很难掌握起伏，但滑橇仍旧为树冠层采样提供了一条具有创新性且多功能的途径。在这之前从来没有人可以在这么短的时间内，在树冠层采集数量如此丰富的昆虫样本。

每天考察结束后，我们都会聚在会议棚屋里报告研究的进度，并随性讨论自己的研究领域。在营地的最后一晚，我们创造了很多有趣的名字。我们告诉弗朗西斯，英文里面有个词叫作“ruckus”（骚动），可以用它来比喻我们在雨林里擦撞出许多思考的火花。我们还把这晚的聚会取名为“雨林中的骚动”，包括我主讲的“神奇的菌根”、弗朗西斯主讲的“不可思议的树根”，还有马克主讲的“惊人的拟态”，聚会最后还有美酒！

我谈了我在澳大利亚的研究工作，还有那时候研究团队推测菌根的存在有助于热带树林发展成单一优势种。弗朗西斯和我们分享了他用树枝架构起来的模块，这种模块不但可以扎地生根，而且可以生长出新的部分。马克则是巨细靡遗地描述了蚂蚁和拟态蚁蛛，还应观众要求，惟妙惟肖地模仿了蚁蛛转身的滑稽模样，把大家逗得哈哈大笑。聚会的最后一个亮点就是一瓶令人垂涎的加拿大施格兰威士忌，大家一人啜饮了一口。

正当我们在整理行李准备回家时，我终于明白了为什么我的行李老是有一堆蚂蚁。原来一直有两支棒棒糖（是我之前在马萨诸塞去完银行后给儿子买的）藏在我皮包的内袋里，使得里面黏糊糊的一团糟，全是蚂蚁！我们准备要离开营地时，一群村民争先恐后（但很有礼貌）地问我们可不可以送给他们一些鞋子、T 恤和其他衣物。因为他们看起来很需要那些物资，我们便很乐意给予。

下午 3 点半我们离开了营地，回去的车程非常轻松，不但行李变轻了，而且警察的临时检查点也变少了，因为当地的政治局势缓和了许多。杜阿拉感觉上也生气蓬勃、热闹许多。但是我们离开机场的过程不是很顺利，有些人必须靠贿赂官员才能过海关，不然的话就要等着被带到黑色的帘幕后面搜身。坐上飞机后，每个人都松了一口气。到巴黎转机时，过了让我印象非常深刻的一晚，不是因为埃菲尔铁塔，也不是因为浪漫的塞纳河，而是因为我终于可以好好地洗个泡泡澡、睡在弹簧床上，饮料里还可以加冰块。

每每从热带地区的田野调查点回到位于温带的家，我总是不太适应。我身边的人总是很难想象我在丛林里的生活，也无法了解到短暂离开西方世界后我看待万物的角度更宽广了。从喀麦隆回来后，我花了好几个月的时间，才重新融入西方社会中。毕竟，我飞越了一片大洋、横跨了三大洲，在热带和温带之间穿梭旅行，更重要的是，我要努力适应两种迥异的文化，感受其中各自美好但未必兼容的风俗习惯和价值观。

西非原始的热带雨林面积剩下不到 28%（从 68 万平方公里降到 19 万平方公里），而中非地区则还保留 55% 的雨林（从 271 万平方公里降到 149 万平方公里）。虽然跟世界上其他地方的森林相比，非洲雨林缩减的情形不算严重，但是它却是其中最脆弱的。只有少数几个国际保育组织提供前往非洲研究的资金，当地也没有足以影响政府用地决策的生态观光计划。这块大陆虽然孕育了许多特有物种，但是随着森林面积的减少，栖息地也面临着沙漠化的危机。

目前我正担任一位喀麦隆雅温得大学的研究生的指导教授，他几乎没什么机会接触计算机或是去图书馆。我也和该大学一位植物学的博士在非洲村庄里推广附生植物保育计划。我们正努力建立双方机构间植物材料和资源的交流通道。虽然阻碍重重，但是非洲雨林往后的保育主要就仰赖非洲学生和政府的教育，我们也都必须正视身为地球一分子所应负起的责任。

第八章

登上树冠起重机

在雨林里，没有一寸土地不被利用、没有一处空地不被占满、没有一抹阳光不被拥抱。在上万个巢穴里，便有上万种生命静静地跳动。再也没有任何地方比此处更加翠绿。有时候雨林就是我们想象中的伊甸园——一个无比宁静而富饶的远古国度，在那里有蟒蛇滑行，有野豹跳跃。

——黛安·阿克曼（Diane Ackerman）著，

《稀世之珍》（*The Rarest of the Rare*, 1995）

20世纪80年代，史密森学会学院有位名叫艾伦·史密斯的生态学家，为树冠研究想出了一个创新的点子，他认为工程活动起重机可以作为树冠探索工具。虽然史密斯这个想法在10年前听起来很荒谬，但现在树冠研究却因此取得了全新的突破。

1992年，在深思熟虑后，我辞去了威廉姆斯学院客座教授的职位，在佛罗里达州萨拉索塔市的玛丽·塞尔比植物园，担任研究和保育中心主任。我对佛罗里达一点都不了解，而且这个工作的内容也不像大学教授的职责一样明确。但是，这个职位有很多吸引我的原因。

对我来说，这是个可以让我直接投身雨林研究和保育的机会，一年十二个月都可以把鞋子弄脏，努力为热带环境议题带来一些改变，而不是只在教室里面空谈；我可以参与大众教育，通过我的第一手田野研究经验，和大众分享我对保育自然生态区的信念；这个正职也可以让我和孩子没有经济上的压力，最重要的是萨拉索塔有所非常棒的公立学校，该校有关于数学以及科学（这也是我儿子们最爱的两个学科）的磁力课程（magnet program）[1]。虽然有朝一日我希望可以回归教职，但在

[1] 20世纪70年代美国出现的新形态学制，在小学、初中和高中设立磁力课程，为学生提供在特定领域里进行深入学习的机会。

我体力上还可以爬树时，更希望可以把精力投注在田野工作中。

6月30日我先飞往萨拉索塔，后在威廉姆斯学院的聘期刚结束，7月1日就开始在塞尔比植物园工作了。1992年，我历经了许多重大的情感波动，而且这些都是心理医生建议避免的：离婚、搬家、换工作、买房子。虽然这一年看起来似乎是“最惨的”一年，但事实并不然，这多亏了我家人和朋友的支持。塞尔比和萨拉索塔的环境很棒、生活很刺激，我和孩子们也很享受新生活、新学校、新文化。当上植物园负责人后，我的第一个田野工作是到巴拿马季节性干旱的热带雨林里，利用树冠活动起重机做研究。

我们家在睡前都会有个“聊天时间”，那是母子之间在黑暗中，轻声细语、无所不谈的专属时间。跟大白天相比，我们觉得在黑暗中有种被保护的感觉，那些对话只属于彼此，不会被别人发现。不管心理学家怎么说，这个聊天时间对我们来说非常珍贵。

在我去巴拿马之前，两个孩子都不约而同在各自的聊天时间告诉我，他们也想要跟我一起去。这是埃迪和詹姆斯第一次对我的研究工作产生兴趣，也是第一次萌生这种念头，想试试看离开安全的环境、舒服的床铺、书本玩具，还有熟悉的一切。现在他们早就大到可以离开自己的世界到外面探险了，那时候8岁和6岁的他们也已经有能力担任我的田野调查助理了，不会成为我的负担。我答应他们，下一次我会计划一个可以亲子同行的田野调查之旅。

在塞尔比植物园工作非常忙碌，我要做研究、出差、做行政工作，同时还要教学。在我尽情享受工作的同时（我还挤出时间到附近的佛罗里达新学院教书、指导实习生），树冠研究居然成了我每个月最期待的事情。感谢我的父母愿意照顾孙子，我才能接下一些田野工作的邀约，到不同的热带雨林做研究。说来也真好笑，作为一个单亲的职业妇女，我现在接触到的世界比我任何一个人生阶段都来得丰富。我就像初次进到糖果店的小孩，不论是从附近的哈佛大学，还是远至难以想象的喀麦隆首都雅温得，我终于可以四处探险了。前往巴拿马的史密森热带研究院利用树冠起重机做研究，对我来说简直是美梦成真。我很期待利用这个工具进行研究，畅行无阻地在树冠顶端尽情探索，而且能亲眼看见巴拿马运河一直是我的梦，这个令人惊叹的建筑工程无疑改变了历史。我也很幸运可以和史密森研究院合作，以客座科学家的身份到树冠起重机上工作。

很难想象从佛罗里达南部到巴拿马这么短的距离居然要飞 10 个小时。巴拿马市机场的照明系统和喀麦隆杜阿拉机场很像，意思就是根本没有灯光。飞机降落在一条黑压压的跑道上，迎接我们的夜晚则是又闷又热。下飞机后，没看到半个史密森研究院的同事，我紧张地等了 15 分钟，心想早知道高中第二外语就不选德语而选西班牙语了。过了一会儿，气喘吁吁的约瑟夫（乔）·莱特（Joseph [Joe] Wright）出现了，跟我解释他一路开过来天又黑又下着雨，路况不稳，坑坑洼洼的，有辆公交车失控擦撞了他的左头灯后迫停在保险杆右边的路肩。他喃喃道："这下你可见识到巴拿马的交通了。"

因为天色已经暗到根本找不到研究院帮我准备的住处，乔便很好心地让我借住他家一晚。他们全家住在一栋很宽敞的房子里，四周围着铁栏杆（基于安全考虑）。乔的两个小孩跟我儿子年纪相仿，玩的玩具和我们在美国的也差不多，但是这些孩子的世界却和我们的大相径庭。那晚我几乎彻夜未眠，听着街道上的车来车往、各种声响以及清晨的鸟叫声，后来我才知道，唯有冷气的运转声音才有办法掩盖巴拿马城市的喧嚣，给旅客一夜好眠。匆匆吃完早餐后，乔和我就迫不及待去试乘树冠起重机了。

研究地点位于一个名为"大都会森林公园"的地方，靠近巴拿马市的边缘。起重机的存在凸显了人与大自然的有趣对比。它位于都市的山坡上，起重机俯瞰的是一大片树冠和巴拿马市的天际线。在远方还有另外一台起重机，正履行起重机原本的职责——盖高楼大厦。树冠起重机处在一片绿海中，一天二十四小时都有守卫看守，防止有人刻意破坏（守卫的时薪是一美金，这是 1993 年的价格）。

要前往起重机的所在地，我们先是开车经过一个废弃的工人宿舍，过了有栅栏和警卫的公园入口，经过一扇上锁的大门后，开上一条泥泞的小路，最后到达这个巨大结构所在的基地。起重机被永久固定在一座水泥平台上，黄色的金属基底支撑着高 42 米的吊臂，直入天际。原本整个起重机是红色的（非常上相），但是因为颜色太鲜艳，引起了一些争议，所以最后就改漆成黄色了。我们很难预测起重机会给鸟类和其他野生动物的生活带来什么改变，以及这个大型人造物所造成的冲击效应，而这些都是科学家必须面对的研究风险。使用起重机或许在研究哺乳类的行为时会造成干扰，使得成效不彰，但却很适合用在测量光合作用的速率；或者以我来看，起重机很适合用于研究树冠的食植行为。

荷西（José）是负责操作起重机的工作人员，他很安静，皮肤黝黑，身体强壮。他敏捷地沿着金属台阶往上爬到驾驶座，只要是在吊臂的半径范围里，你要他把吊舱移到哪里都没问题。荷西把一个大钩子慢慢垂吊下来，将吊舱和钢索钩在一起，这样坐在吊舱中的人就可以在树冠层间移动了。操作起重机的待遇比一般的守卫要好很多，起重机操作员的时薪有 9 美金，因为他的技术受过专业的训练（当时巴拿马人的平均时薪是 2 美金）。

我们毫不费力地踏进吊舱，乔用对讲机向荷西请求升空，我们就慢慢地往上升。多壮观的景色啊！有藤蔓、兰花、巨蜥、更多的藤蔓、树冠、小鸟，还有更多的藤蔓，层层堆叠的树叶不管从哪个方向看，都可以看得一清二楚。起重机的活动范围和敏捷度超乎我的想象。我们往返于树株间，小心地靠近开花的藤蔓，然后再往上升，到一株巨腰果木[1]的树顶上，捕捉了一张波澜壮阔的树冠风景照。

树叶静止不动地挂在宁静的早晨里，巨蜥在树冠层里晒着太阳，根本不在乎我们打扰它们的世界。昆虫在附生植物和树冠的花朵间嗡嗡作响。起重机的吊舱可以轻易移动到任何一个高度，也可以准确地返回某片特定树叶的位置，这个特色比单索工具还要实用，其稳定度也比热气球高。现在即使是体力再差的科学家也能进入树冠层，我们开玩笑说一个女人就算穿着细高跟、晚礼服，手上端着香槟，都可以毫不费力地采样。起重机唯一明显的缺点就是研究范围受限于吊臂半径内的树冠层。

我的树冠起重机研究计划，本来是想要做澳大利亚和巴拿马雨林间食植行为的比较，3 年前乔便已和我一起提案，但是那时候补助迟迟没有下来，所以乔就先自行开始他的研究了。也因为我们使用的田野调查技术有一点不同，结果（我们后来才发现）两个人的研究数据根本不兼容。

方法论也算是田野科学里的一个陷阱，有时候研究方法

[1] 学名 *Anacardium excelsum*，漆树科。

里一点点看似无关紧要的改变，就可能造成数据偏差，导致两组数据间无法兼容、互做比较。以我和乔的例子来看，他是以树的叶龄作为食植行为的基准，我则是以年度百分比来看食植行为的，要调整这两组数据的时间差异不是不可能，但耗费的时间与精力，实在超出我们的负荷。

起重机对我的雨林树冠食植研究帮助非常大。昆虫、鸟类和哺乳类的食叶行为是森林生态中很重要的一环，因为啃食量的多寡，代表了在森林生态系统中消耗了多少可以（通过光合作用）制造能量的叶组织。以前的科学家会到森林的冠下层，采集一个小范围内的树叶样本，然后拿着装满树叶的塑料袋回到实验室，测量树叶上的啃食比例，就此推估出森林里叶组织的耗损量。想也知道，这种做法测量出来的结果是大多数森林里的食植行为程度都不高，甚至偏低。

这种测量的方式，基本上直接忽略了 95% 的树叶，因为那些树叶全都在科学家接触不到的地方；这个方法也会忽略掉已经被啃食掉的树叶，因为根本看不见，当然就无法采样了。现在有了树冠层探索工具的新发明，我们可以更全面地测量森林里的食植行为了。

近年来的研究指出，食植行为关系到的不只是叶片上的蚀痕，树叶的寿命、昆虫和鸟类的行为、叶组织的化学成分，还有不同叶龄的树叶差异，这些都是食植行为涉及的内涵，更是复杂森林生态的一环。或许最重要的是，若想要更了解食植行为，我们也必须观察食草动物和树株长叶的生物气候学。在森林中使用起重机，就有办法做到如此缜密的观察。

即便有了像起重机这样的探索工具，森林树冠层里还是有一些令人难以捉摸的生物。想在树冠层研究鸟类，简直是不可能的任务，因为它们实在是太胆小了。生物学家查尔斯·芒恩（Charles Munn）曾经在秘鲁的热带雨林，利用超轻型飞机追踪并观察金刚鹦鹉，虽然这个研究方法相当危险，但当它们飞到树顶时，的确能被成功观测到。其他鸟类学家也曾花上好几百小时，耐心地观察结实的树株，以计算、记录鸟类的食性。另外像树栖哺乳类动物，如蝙蝠、虎猫、啮齿类动物、树懒、穿山甲、袋貂、红毛猩猩及熊狸等，也有其田野生态研究的难度。

目前还没有一个标准化的研究法可以用来推估树冠的生物量，热带哺乳动物学家的研究阻碍重重。刘易斯·埃蒙斯（Louise Emmons）是位举世闻名的哺乳动物学家，他花了上千小时在热带林里观察及诱捕哺乳类，或许树冠层探索工具的进步，可能会让他有更多的发现。

在澳大利亚，凤头鹦鹉和其他鸟类有时候会打落树上大量的树叶，这种行为可能是求偶的一部分，或是单纯好玩。我曾经很幸运地在树冠层里目睹这种行为。这种没有规律的行为会对树株造成多大的影响呢？树叶寿命的研究要怎么把这种致命的事件算进去呢？对一片树叶来说，被鸟类打落不过十几秒的事情，生物学家又要如何理解这个事件对生态的影响呢?

因为乔的研究计划不需要我的帮忙，所以我决定利用起重机进行另一项研究。我对藤蔓很感兴趣，也想知道藤蔓在树冠中如何减少（或增加）动物的食植行为。在树冠生态学中，藤蔓可以说是最不被注目的其中一种，但是它们却是森林中相当重要的一部分，过去的几个世纪以来，许多博物学家也为之赞叹。达尔文驾着小猎犬号到处探险时，就曾通过他自己的观察，巨细靡遗地描述过藤蔓。

藤蔓需要树冠的支撑，但是覆盖住树叶的藤蔓，常会限制甚至阻碍树株的生长。藤蔓攀爬的模式非常惊人：弯曲的枝蔓、缠绕的特性、荆棘和钩爪、不定根、强韧的领头芽，还有其他许多生存策略，都让藤蔓在树冠里穿梭自如、侵占每一处空间。

我最喜欢的一种藤蔓是澳大利亚的律师藤[1]，之所以有这个称号，是因为这种恶名昭彰的藤蔓有着尖锐的刺，可以轻易地刺进皮肤或衣服，而且就像官司缠身，让你无处可逃。藤蔓专家杰克·普茨（Jack Putz）概述了藤蔓对森林的影响："攀爬到树顶是藤蔓个人的胜利，却是树群末日（至少是黑暗期）的到来。"杰克推估在巴拿马巴罗科罗拉多岛上的生物，有

[1] 学名 *Calamus muelleri*，棕榈科。

25% 是藤蔓。树冠层里许多无脊椎和脊椎动物，它们除了利用藤蔓在树林里移动外，也会把藤蔓作为食物和栖息地，或是借此躲避掠食者和靠近猎物。藤蔓也常出现在次生林和受干扰的森林，不利于森林的管理。除非科学家能够了解森林树冠层中藤蔓的数量和功能，否则我们永远无法体会藤蔓对森林生态系统的价值。

我这次的研究问题是：在热带雨林树冠层中，藤蔓是否是食草动物的路径呢？换句话说，树顶的藤蔓是不是提高了食植行为的比例？或许昆虫在有藤蔓攀爬的树群里，可以比在没有藤蔓的树群里，更频繁地爬行到其他树冠上。为了验证这项假设，我需要分别找到有藤蔓和没有藤蔓攀爬的树冠，并将两者加以比较。起重机非常适合用来完成这项工作（后来几年我还利用树冠筏扩大该研究的范围）。我在起重机的吊舱中采集树叶样本、测量树叶食植侵害的程度；也用了几个简易的工具（捕虫网、吸虫器，还有捕虫盘等），推估食草动物的数量。因为这是个生态研究，我每天都会用同样的方式、在同样的时间，谨慎地在每个对照组的树株上采样。

第一天兴奋地利用树冠起重机研究藤蔓和食草动物后，乔带我到史密森热带研究院位于巴拿马市的总部特百大楼。这栋大楼是以特百惠的创办人命名的，也是因为他的捐款，促成了今日在巴拿马市的史密森热带研究院。本来要给我用的代步车，不知道为什么没有出现在组织的物资名单上，所以乔很尴尬地和总部那边协调，然后向我保证明天一定有车给我开。他很好心地送我回到住处（途中有间杂货店），还给了我出租车行的电话号码，好让我明天可以先打电话叫车。我的起重机使用时间安排在上午 7 点到 11 点，时间限制非常严格，因为其他科学家也要用起重机。但因为我不认得路，也不会说西班牙语，6 点半一大早叫出租车这件事令我手足无措。

凌晨 3 点半，我被窗外的撞击声吵醒，原来是一位司机没注意到路边有棵大树，径直撞了上去，接下来就是更大声又怒气冲冲的对话。在热带地区窗户大开，通过寂静潮湿的空气的传递，外头的声音听得特别清楚。但因为我不懂西班牙语，自然也不知道外头在吵些什么。早上 5 点就有狗叫个不停，还有人在清理事故现场的声音，所以我干脆起床，面对在不会说任何西班牙语的情况下打电话叫出租车的挑战。

我拨打电话，努力用我的烂“英班牙语”告诉对方我要叫车，接线员好像听懂了——或许他只是礼貌性地敷衍？总之我走到杂货店那边，准备和出租车会合。我趁等车时买了些水果，但出租车根本没来。神奇的事发生了，另一家出租车行有位司机刚好到杂货店买饮料，我也终于问到一个既会说英语又会说西班牙语的顾客，请他帮我翻译我的目的地。后来那位司机愿意带我到“起重机那里”（原文为西班牙文 la Grulla），他一定觉得我一个女人一大早要去那里很奇怪！他车开得非常快，快到我都没办法确认乔告诉我的那些路标，但过了没多久，就经过了我昨天看到的废弃工人宿舍与上锁的大门，还好协助乔做食植研究的助理米娜（Mirna）已经在那里等着了。

她和我一起进入吊舱，我们很快就静静地被送到另外一个世界。能够在树顶毫不费力地滑行，那感觉真的很美妙。在树冠上，米娜和我各自用糟糕的英语和西班牙语聊天，我们两个对于女人在科学研究中的处境，还有边工作边带小孩的挑战都很有共鸣，我们也聊到了她在巴拿马的工作机会等等。看来不管对哪个国家的女人而言，努力兼顾家庭和工作都是个难题。

我假定藤蔓为食草动物的移动提供的途径，可能导致树冠层食植行为和昆虫数量的增加。我把在起重机上的采样结果当作前导研究，以检视研究方法，并拟定未来的采样设计，以便更全面地验证我的假设。在田野生物学中，许多科学家都会利用前导研究，评估某个研究计划的可行性。比起直接进行大规模的田野实验，先尝试规模较小的新方法或提问方式，往往可以省下大量的时间和金钱。

我分别在有藤蔓和没有藤蔓的树冠上收集昆虫样本，并加以分组比较。在起重机可以涵盖的树冠层采样范围里，只有 6 到 8 种树种，所以我就只研究这些树种：巨腰果木、无花果树[1]、*Antirrhoea trichantha*（茜草科）、*Luehea seemanii*（椴

[1] 学名 *Ficus insipida*，桑科。

树科）、大叶桃花心木[1]、卡斯提橡胶树[2]和*Cecropia longipes*（伞树科）。这些现在都是生态生理学文献常探讨的树种。由斯蒂芬・穆基（Steve Mulkey）、北岛薰（Kaoru Kitajima）等人带领的科学团队，已经在巴拿马的树冠吊舱里做过光合作用和叶功能的前导研究。有了起重机的协助，我可以轻松地采样，进行扫网、测量食植行为的树叶样本、拍摄影片与照片，以及藤蔓考察等工作。

在都市边缘的森林里，很容易发现干扰的迹象，譬如藤蔓的生长和次级植物的出现。或许这些藤蔓最后会造成树冠染上枯梢病，甚至致其死亡，但在藤蔓发展成一个巨大网络的同时，它们强而有力的茎干是不是也成了食草动物通往树冠的快捷方式呢？

从 1992 年以来，全世界已架设了 7 架树冠起重机，包括：华盛顿州风河的（常绿针叶林）、委内瑞拉奥里诺科河沿岸的拉埃斯梅拉达的（低地热带雨林）、马来西亚兰比尔国家公园的（龙脑香科植物林）、澳大利亚昆士兰苦难角的（低地热带雨林）、巴拿马的第二座树冠起重机（潮湿热带雨林）、欧洲境内某一尚未确定地点的（温带落叶林），还有巴拿马现在的这架。

---

[1] 学名 *Swietenia macrophylla*，楝科。

[2] 学名 *Castilla elastica*，桑科。

因应不断扩充的概念，起重机的应用也愈来愈专门化。风河的吊舱里有电力设备（虽然经常出故障）；委内瑞拉的起重机是架设在电车轨道上的，因此可以移动的范围变得更广了；马来西亚的起重机是个大型树冠探索系统的一部分，未来还会加入树冠布道、观测塔以及梯子等设施。

或许最振奋人心的，是这些树冠起重机的研究者也将开始合作、彼此交换信息，这对全球化的森林管理和保育来说，是相当重要的进展。1997 年，国际树冠起重机网络在巴拿马市召开首次会议，10 位来自世界各地的科学家，研讨了未来各种合作的可能和想法。

当我们从起重机那里再回到史密森研究院的总部时，代步车已经备妥了。我感激地收下车钥匙，等不及要自己开车回住所。这种时候就会遇到墨菲定律，仪表板上的油表指针居然下降到零，但是回去的一路上完全没有加油站，所以我诚心地向“热带单身女子守护神”[1]祈求，希望明天油箱的油够我开回研究基地。我在住所附近的杂货店里顺路买了冷冻比萨、玉米罐头、苹果和奎宁水。

我承认只有在紧急的时刻，才会向“热带单身女子守护神”求救，我请她干预过天气，但多半的时间里，我都是祈求平安，因为有些地方实在不适合女性独自前往。一身卡其色的丛林打扮

[1] 作者每次陷入困境时所幻想的守护神。

对某些文化来说可能会造成误解，有些地方对单身女性的认知就是高跟鞋加紧身裙，或是围在腰间的传统纱丽；我有时候会求神保佑，愿村民不要介意我的穿着，愿意和我做朋友。

这一次“热带单身女子守护神”眷顾了我。隔天我一路开回总部都没有抛锚，而且交通信号灯一路常绿（有人告诫我开到巴拿马某些地方等红灯时一定要锁门），我在特百大楼的电梯里遇到了罗宾·福斯特（Robin Foster），后来我们的友谊影响了我的一生。他不只告诉我附近的加油站怎么去，我们后来还一路聊到凌晨 3 点，畅谈热带植物、附生植物，还有我们的科学冒险。

我称罗宾是“树的传教士”，他为了找到一个问题—南美洲最常见的是什么树—的答案，便花了将近 20 年的时间，踏上无数个考察之旅，进行调查和冒险。他是现今热带植物的世界权威之一，但他对于自己的专业却是无比谦逊。罗宾邀请我和他一起去巴罗科罗拉多岛，协助他采样，他也承诺会帮我介绍更多附生植物。这下子我终于可以在去巴罗科罗拉多岛的旅途中，从渡轮上好好欣赏巴拿马运河了。

我们一大早就从巴拿马市出发，前往甘博阿搭渡轮，但是却迟到了 2 分钟。阴错阳差之下，我便到巴拿马市和甘博阿交界处的苏密特植物园参观了一整天。罗宾替我上了一堂认识巴拿马树种的速成课，我们也欣赏了拟椋鸟在它们共同打造的“鸟巢小区”飞进飞出的景象，每个鸟巢都向下悬垂，就好像巴尔的摩黄鹂鸟巢的放大版（我的温带本位主义又出现了）。

拟椋鸟可说是我最喜欢的热带鸟种，黛安·阿克曼（Diane Ackerman）曾经惟妙惟肖地这样形容过它们的叫声："具有柔润的特质，是两阶段的啁啾声，如同绵软起伏的湿润亲吻，融合着颤动与电子合成乐器的音质，收尾时有如出入社交界的少女在水中轻送飞吻。"除了集体筑巢的习性之外，拟椋鸟的生存策略也很奇特，它们会把鸟巢筑在大黄蜂巢穴的附近，为什么呢？因为马蝇的幼虫会寄生在拟椋鸟幼鸟的身上，而大黄蜂吃马蝇。此外，它们还会让燕八哥在自己的鸟巢下蛋，因为燕八哥的幼鸟也是马蝇的天敌。

马蝇也会寄生在人类身上，热带生物学家如果没有一个有趣的马蝇故事跟大家分享，那就名不符实。这种昆虫会在皮肤下面产卵，等到马蝇幼虫孵化、长大，便在人的体腔里钻来钻去，使人瘙痒、过敏。随着幼虫愈长愈大，它们还会在人体内制造出一条通往皮肤表面的呼吸道。虽然幼虫最终还是会脱离人体，但是极少有人可以忍受这样的恐怖事情达数月之久，所以多半会无所不用其极地把幼虫弄出来。像是在呼吸道口放一块生肉，可以有效地引出马蝇幼虫，还有人试过其他奇特的诱饵等，这些故事已然成为田野研究的传奇。

当我和罗宾去看大船过运河时，我人生中的一个梦想终于实现了。当一艘亚洲的货轮经过时，巴拿马运河突然显得很窄小，而我也因这个工程不知让多少船只免去了数千英里的航行而心生敬畏。

晚上 8 点我们抵达巴罗科罗拉多岛，因为有了早上迟到的经验，我们下午学乖了，早到了几分钟（后来罗宾告诉我，他向来不喜欢提早去搭飞机或是船，看来他今天早上错过渡轮一点都不奇怪）。我被安排住进一栋老查普曼建筑的一间房屋里，还有一些实验室的空间可使用。后来我在不知名的直翅目昆虫的叫声和蛙鸣声中睡去。

我一大早就听到窗外吼猴的招牌吼叫声，那大概是我这辈子听过的最特别的声音之一。我还听到楼下人声鼎沸，那是巴罗科罗拉多岛的员工正在准备史密森研究院成立 70 周年的庆祝会。大家忙着煮东西、布置会场，虽然走廊和大厅总是有科学家穿着沾满泥土的靴子走来走去，但还是有人在扫地。下午 2 点开始会有一些演讲、巴拿马团体的舞蹈表演，还有美食。

那天晚上我受邀和埃格伯特·利（Egbert Leigh）一起品酒，他是最早到这个岛上的科学家之一。这位传奇人物是位聪明绝顶的生物学家，不论什么科学话题都可以侃侃而谈，而且还有些有趣的怪癖，像是他特别喜欢和来访的学者一起喝威士忌。我们初见面时，他对我说："很高兴见到你，玛格单种优势林罗曼（Meg-mono-dominant-forest-Lowman）。我很喜欢你在《美国博物学家》第 134 卷第 88 至 119 页发表的那篇文章。"他读过的东西好像都能过目不忘，这对一个在偏远地区工作的科学家来说，根本就是种梦幻技能。我们一起聊了单种优势性的树群、光合作用等话题。能有机会与他交流，我觉得很幸运。

隔天我和乔·莱特、罗宾，还有斯里兰卡的生物学家古纳蒂拉克（Gunatelleke）一起去乔的种苗样区，听说那里和我们在澳大利亚的样区差不多。去的路上我们漫不经心，边走边聊天，然后才惊觉我们浪费了很多时间，还来不及到样区就得再匆匆忙忙折返回去赶搭渡轮，典型的罗宾·福斯特作风。我们在船只开离码头的前一刻冲上甲板。回到巴拿马市，我和来自三个不同国家的新朋友共进晚餐后，便准备搭晚上的班机返美。

这趟旅程过后，我看待树冠研究的角度完全改变了。有了科学家彼此持续的合作和资金的挹注，树冠起重机将会发展成前所未有的上树工具，让科学家能接触到每一棵树的树冠，也能促成更多专注于树冠层树叶和生长过程的研究。不管是研究光合作用、气体交换、林冠面轮廓对微气候的影响，还是树冠层的蚂蚁阻隔蟑螂排出的氮气、蚯蚓住在附生植物莲座状的叶丛里等各种新的主题，这些研究在未来都可以以更精确、更详尽的方式进行。我的前导研究显示，有藤蔓的树群和没有藤蔓的树群相较之下，前者食植行为的程度明显较高，但是我还必须再研究几年，采集更多样本，才可以证实这个初步的发现。因为史密森研究院的付出，热带研究对象已从以往的森林地表向上进展到树冠层之中了。

第九章

伯利兹的树屋

在中美洲伯利兹的山林深处，有个地方叫作蓝溪。这个隐蔽的世界，偶尔会被光线穿透，它或许是世界上生物种类最繁多的地方……从飞机上俯瞰，蓝溪的雨林就像一大片花椰菜田……雨林平台建造专家，已经在此处打造了一条树冠步道。

——凯瑟琳·拉斯基（Kathryn Lasky）著，

《世界最美的屋顶》（*The Most Beautiful Roof in the World*, 1997）

身为植物园的主任，我的工作范畴也包括大众教育，我很荣幸可以担任“杰森教育计划”的科学指导老师。该计划是罗伯特·巴拉德博士发想的，他也是泰坦尼克号残骸的发现者。他认为很难和年轻学生分享在偏远地区的科学新发现，所以他设计了一个教育课程，让摄影团队跟着科学家一起到偏远的地区，通过卫星实况转播，直接在校园、博物馆和其他教育中心放送。

1994 年，杰森教育计划迈入第五年，带领大家进入伯利兹的雨林树冠层，我作为首席科学家，在树冠里探索植物与昆虫关系的过程，全都通过无线电，和美国、加拿大、中美洲、英国，还有百慕大群岛的数十万学生分享。虽然走在狭窄、摇晃的树冠上对着摄影机讲话让我很紧张，但我还是站稳脚步完成了 51 次实况转播。

我和我的孩子坐上一架只有一个螺旋桨的 6 人座小飞机，机身上“玛雅航空”的字样已经模糊到几乎看不清了，我们的行李被随意扔到后方，埃迪还被邀请坐在副驾驶座上。他戴上一副厚重的耳机，我们便启程飞向伯利兹的上空。让我的宝贝孩子搭上这架老旧飞机，我的心里多少有点不安，但这是到我们的田野调查点的唯一交通工具（4 年后，这架小飞机连同驾驶员坠落在玛雅山上）。

我的两个儿子很兴奋可以跟我一起到热带雨林考察，那时埃迪 8 岁、詹姆斯 6 岁（他们两个还是小婴儿的时候，已经看过澳大利亚雨林无数次，但是当时还太小，什么都不记得）。我们的目的地是伯利兹南部的蓝溪，任务则是到那里准备好杰森教育计划的基地，包括建造用来进行田野调查的树冠步道和几处平台。我把步道和平台称作我的绿色实验室，但我的孩子们则说那是他们的超大树屋。

我们飞了快一个小时，越过红树林海岸线，看到混浊的溪水注入海洋。近日的大雨冲刷着上游的表土，在河口和海洋的交接处堆积出层层的泥流。有些热带地区因为农耕烧荒，使得地表直接承受大雨冲刷，造成严重的水土流失。相较之下，原始雨林因为有密实的根向下抓住土壤，留住了土壤，也留住了径流的水分。我们看到雨林的小斜坡上有好几处玉米田（种植玉米、南瓜或是其他小型农作物的空地），伯利兹南部则是所谓的喀斯特地貌——一座座小山之间散布着石灰岩基岩的山谷。

这是我第二次访问伯利兹的雨林。我们降落在蓬塔戈尔达机场（只有一条泥土跑道和一间避雨遮阳的小屋）后，几位杰森教育计划的工作人员已经在一辆老旧卡车上等我们了。我们爬上卡车的后面，一路从蓬塔戈尔达向西，颠簸了 20 英里，进入内陆。

抵达蓝溪村后，埃迪和詹姆斯在一群小孩间引起了一阵骚动，这两个金发男孩（而且就当地的文化大概到了适婚年龄）备受关注。女孩们把自己做的手环和刺绣拿给我儿子看，詹姆斯（还在讨厌女生的阶段）被吓坏了，埃迪（年纪稍长）虽然很友善，但也有点不知道该怎么回应如此热情的关注。他们害羞地走进森林，踏上通往树冠研究基地的小径，日后我们将在那个基地打造我们的超大树屋。

这一年是杰森教育计划首度到中南美洲，也是首次把重点放在陆地生态系统，杰森计划以往都是专注于海洋生态研究的。今年课程的主题是关于一滴雨水的旅程，追踪这滴雨水先穿越伯利兹的树冠，降落到洞穴里，最后回到大海的珊瑚礁群的全部过程。

我被选作研究树冠科学家的代表，负责海洋生态的同事代表则是杰瑞·威灵顿（Jerry Wellington），她是来自得州休斯敦大学的珊瑚礁生态学家（真是典型的科学家网络！ 15 年前杰瑞还是加州大学圣塔芭芭拉分校的研究生时，我刚好是那时候的客座研究人员，我们早就见过了）。在杰森计划中，我和杰瑞两个人依照指示进行田野调查，并在各种主要交互式网络站点上与学生进行对话，学生们也会提出各种有关科学、科学家和保育的问题。这个计划非常难得，让我有机会将教育、研究和保育三者结合在一起。

1993 年 5 月，我、杰瑞、罗伯特·巴拉德以及一群来自不同领域的专家，到伯利兹进行了第一次勘探。其中包括罗伯特的助理，罗伯特忙碌的生活都靠助理才能如此井然有序；一位公关公司的经纪人，她常常打电话回家听取电话录音机的留言（那时候我连录音机都没有，更不知道该怎么从伯利兹的荒山野岭打电话回去听留言，那时候也还没有手机）；一位负责设计杰森课程的教育人员，非常热诚，那也是她第一次到雨林；一位后勤代理，到处都看得到他，而且什么事都办得妥妥帖帖的；一位来自电子数据系统公司的工程师，该公司是卫星通信技术的赞助商；一位摄影师，负责记录全程活动；还有另一位是电子数据系统公司的代表，每天都打扮得光鲜亮丽，每套服装也都有与之搭配的口红跟手提包。

我们也认识很多来自伯利兹各地的科学家，他们各有专长，独立研究有趣的专题：布鲁斯和卡洛林·米勒（Carolyn Miller）是专攻树冠层鸟类的博物学家；蒂内克（Tineke）和伊恩·米尔曼（Ian Meerman）研究蜻蛉目（蜻蜓）和两栖爬虫学（蛇类和爬虫类）；沙伦·马托拉（Sharon Mattola）是田野生物学家兼伯利兹动物园创办人。此外，我们还认识了吉姆（Jim）和玛格丽特·贝维斯（Marguerite Bevis），他们是生态旅游业者，倡导伯利兹的环境教育，以及赞助此行的旅行用品商杰夫·科温（Jeff Corwin）。

我们在伯利兹北部勘探了几个地区，希望可以找到打造杰森计划树屋的理想地点。我希望这个地点的树种多样、树干要够粗壮，才可以安全地支撑树冠步道；罗伯特在找的是一个景色够美、适合拍摄的地点；后勤人员把重点放在食物、营地、技术设备都容易到达的地方；工程师则要一块够大的空地来架设卫星天线；杰瑞·威灵顿只想要赶快到达珊瑚礁。

我们的游览车司机是巴蒂观光大巴士的疯狂埃迪（听起来超像漫画的名字），他也载我们到伯利兹中部勘探了好多地点。我们到马术山旅馆后面的山谷健行，还听到稀有的隆嘴翠鴗的鸟鸣声；也去参观了伯利兹动物园，在那里看了貘、美洲豹、长鼻浣熊和巨嘴鸟。我们下榻在松山度假村，早上醒来可以闻到甜甜的松树香。

途中，我们经过一块烧过荒的山坡地，当地门诺教徒的屯垦者为了扩大畜牧用地，就这样天真无知地破坏了珍贵的林地。我们还开到滨海的丹格里加镇，在阴森的“丛林小屋”住了一晚（这旅店名不符实，因为那里压根没丛林）。到了伯利兹南部，我们开上一条无比颠簸的泥巴路，途经蓬塔戈尔达，抵达那个叫作蓝溪的小村庄，在我们寻寻觅觅那么多天以后，终于找到了这个满足所有人需求的理想地点了。

蓝溪这一带已经租给波士顿一家小型的生态旅游公司经

营，这里东西不多，只有一间户外厕所，还有一间兼做厨房、书房、餐厅和卧室的小屋。但是附近有一条很棒的原始森林步道，离“旅馆”500米的上游那边，还有一个迷人的石灰岩洞穴。

小溪对岸有几棵壮观又上相的大树，包括了一棵长满附生植物的瓜栗[1]和长了气根、树顶枝丫上攀附着小兰花的天南星科植物[2]；还有几棵大型的附生植物[3]，它们莲座状的叶丛就像天然的小水洼一样，栖息了许多不知名，甚至是未知的无脊椎动物。另外还有几种紫葳科的藤蔓，以及许多未被发掘的生物。虽然伯利兹对我而言是个陌生的国家，但是我却在这里发现了熟悉的植物朋友，像是咖啡灌木、豆科植物，还有很多曾在巴拿马见过的类似植物。

那天晚上，我们预订了蓝溪的“旅馆”，住宿就是在开放式的茅舍地上铺睡袋睡觉，或者在两根柱子上面挂吊床（幸好我属此者）。还好我把在喀麦隆丛林中生活时的战友卡其吊床带来了，其他人见了都很羡慕。

晚上7点，大家就已经准备要入睡了，因为没有电，而且还下着雨。大部分的团员都是第一次在雨林里过夜，几个新手怕睡到一半地上会有蛇跑来，也有人紧张兮兮地看附近有没

---

[1] 学名 *Pachira aquatica*，木棉科。

[2] 学名 *Philodendron sp.*，南天星科。

[3] 学名 *Aechmea sp.*，凤梨科。

有蝙蝠。大家好不容易终于窝进了睡袋，突然一声巨响把我们都吓得跳了起来，原来是一颗挂在瓜栗上的果实（瓜栗和炮弹树差不多大，看名字就能知道果实的大小跟形状）掉到了铁皮屋顶上。瓜栗的果实比椰子大一点点，但是重很多。大家紧张地笑了，最后又静了下来，度过了一个不太平静的晚上。我以前常想，为什么椰子或是瓜栗的果实从来没有意外砸死过树下的人呢？我相信以那种果实掉下去的冲击力，就算是练过铁头功的科学家也一定会受重伤，但是我到现在还没有听说过有人因此而丧命。

那晚瓜栗的果实又陆续掉了好多次，果实砸到铁皮屋顶上一次，屋顶就会破个洞。我突然好怀念那次的喀麦隆之行，不只是因为我睡在还闻得到非洲气息的同一张吊床上，更是因为我的膀胱再次给了我面子——12 个小时我一次厕所也没上。和喀麦隆一样，伯利兹这边也有在大半夜找食物的行军蚁，还好这次我没有踩到它们，在非洲的时候我可是因为它们的攻击吃了不少苦头。

旅行用品商杰夫和另一位团员那个晚上决定去探索蓝溪，但因为滂沱大雨，最后只好睡在伯利兹一间小木屋的地板上。他们在那边夜晚听到的声音比我们这边更不寻常，像是猪在地上交配的声音、小孩子因为疟疾不舒服的呜咽声，还有鸡在耳边咯咯叫的声响。

在伯利兹丛林待了一夜后，我们隔天醒来看到的是一片闪闪发光的绿色世界。每一片叶子上都残留着昨晚大雨留下的水滴，每一个滴水叶尖都像漏斗，把水分带离叶表面，灌注到根系。我在营地绘出树株，以望远镜检视树冠层，大致推估附生植物的种类，还和团队讨论了几个不错的摄影角度。傍晚，我们回到蓬塔戈尔达，在真正的床铺上睡了一晚，倾听热带小镇里的声音——脚踏车在崎岖的路上的嘎吱声、骨瘦如柴的狗的吠叫声、呱呱的蛙鸣声、从露天酒吧传出的音乐声和人声。那天晚上还有绵绵细雨，让闷热的夏日空气凉爽了许多。

隔天我返回伯利兹城，接着到迈阿密及萨拉索塔。我满脑子都是热情和想法。接下来几个月我都在忙着设计步道、编列预算，找专业的树艺师们一起打造这个超大树屋，还得写课程计划表、回答老师和记者的问题，以及最重要的——我想在这个直播的树冠探险中传达给学生的讯息。好多主题在我脑中闪过：森林砍伐、生物多样性、生态采样面临的挑战、树冠层中耐人寻味的植物与动物间的关系、养分的循环作用，还有全球生态系统的健康。

3 个月的时间飞逝而过，我和我的步道伙伴巴特·波里修斯也已经编好预算，并设计好绿色实验室了。我们找来 6 位专家共同组成团队，一起打造步道。整个团队住的小屋占地比营地还大了 4 倍，我们也花了不少钱空运海绵床垫和双层床架。在这之前，我和罗宾已经先来过蓝溪，测绘和辨识这一区所有的树种，也常熬夜工作，把样本压在报纸里，并记录营地的一切。罗宾曾到过很多地方，也是热带植物的专家，但是蓝溪的物种多样性还是让他大开眼界，看来杰森教育计划的确为直播课程选了个能引起广泛科学兴趣的地方。

我和孩子们到蓝溪营地放下行李后，都目不转睛地环顾四周。几个星期前我才和罗宾来过这里，但现在景色全都变了。蓝溪的水道上横跨了一条不锈钢钢索，连接着两边约 75 英尺高的木制平台。我们拿起望远镜，可以看到树艺师像群猴子一样，在半空中“表演”，他们的对话也很不可思议：“麻烦把吊椅降下来好吗？”“我这边需要 18 英寸的眼螺栓。”“有人有梨形的吊索钩吗？”“不要站在我下面哦，螺栓剪可能会掉下去。”同时还可以听到站在地面上的一群植物学家，用他们自己的一套语言说着：“这里有一株茜草科植物。”“哇，快来看这株玉蕊科植物。”“嗯……这也是紫檀属没错。”就这样，经过数月的计划，树冠步道正在逐渐形成中。

埃迪和詹姆斯都迫不及待地想要爬树。他们收到的圣诞礼物是儿童用的安全吊带，所以现在两人都有属于自己的攀树设备了。我们在家已经练习过了，但现在可是正式上场。讽刺的是，我非常紧张，而且一点都不想让他们吊在 75 英尺的高空中。虽然爬树这事我几乎每天在做，但是一想到是我的孩子要亲自上阵，就觉得特别危险。然而，我想他们手脚大概会比

终于登上树冠了！我弟弟（爱德华·罗曼，右坐者）协助我的孩子生平第一次爬树，另外还有新学院来的我指导的学生凯莉·基辅（Kelly Keef，立者）。我们正在伯利兹75英尺高的地方，欣赏树顶的风景。摄影：玛格丽特·罗曼

我灵活吧！

我的弟弟爱德华是个专业的木工，他也是这次帮忙建造平台的队员之一，负责步道的地面组（仅负责地面的工作）。他很贴心地说要陪孩子们完成爬树初体验，等到他们上了吊桥后会叫我一声（然后我就可以睁开眼睛了）。他们三个一下子就都爬到紧靠在一株紫檀属植物的梯子上，然后到达可以俯瞰溪水的平台。我也赶紧爬上去，和他们一起庆祝。

埃迪和詹姆斯简直乐坏了，他们看到了附生植物，亲眼看见蜂鸟在一株凤梨科植物上吸食花蜜。在支撑平台的子弹

火焰树的叶子。我们在伯利兹的树顶研究实验室就在其中一棵火焰树的树冠层里。该树种在每年的 3 月落叶，长叶之前，整棵树会开满桃红色的花朵。绘图：芭芭拉·哈里森

树[1]上，有好几个蚁巢。对在温带生长的我们来说，蚁巢是个很神奇的自然现象。每个蚁巢都是由各种树冠层的植物集结而成的，巢内的种子全是蚂蚁辛苦收集后搬回来的。蚂蚁不断滋养并照顾蚁巢，进而打造出一个微型生态系统，团团簇拥的植物里有仙人掌、椒草、菠萝花、兰花等，有时候还可以看到藤蔓。蚂蚁利用这些植物打造栖息地，并获取食物，而这些植物则换取了生存的保障。这是非常典型的共生系统，两种生物都从此关系中互惠互利。

俯瞰脚下宁静的溪水，让我们对自己所在的高度更加谨慎。地面上的人也变得像蚂蚁一样小。我们看到闪闪发光的阳生叶，感受到阵阵微风越过平台旁的火焰树[2]吹送到我们

---

[1] 学名 *Terminalia amazonica*，使君子科。

[2] 学名 *Bernoullia flammea*，木棉科。

詹姆斯（左）和埃迪（右）在杰森教育计划期间协助我进行昆虫采样。他们正在伯利兹的树冠层使用捕虫盘。我的另外一个从威廉姆斯学院来的指导学生戴维·肖勒（David Scholle）也在一旁观摩。摄影：克里斯托福·奈特

身上。火焰树的树叶已经掉了大半，等到3月底应该就会变得光秃秃的。在这个几乎是热带常绿树种的雨林里，火焰树是少数的落叶树种。虽然大家会以为所有的热带树种都是常绿树，但其实并不然，还是有些树种会固定落叶，有些则会在旱季来临时落叶。在重新长叶之前，火焰树会先开花，盛开的桃红色花朵，在一片绿色的树冠海上就像炙热的火焰一样。

对埃迪和詹姆斯来说，树冠层根本就是另一个世界，我

也因为他们的眼光而重新认识了这个新世界。他们小心翼翼地通过溪流上方的吊桥，这座桥全长约 72 英尺，中间还晃得很厉害。过了桥之后，他们对一株毒木[1]啧啧称奇，如果碰到这种树的树叶，就会引起皮肤过敏、发红疹。

孩子们在树冠层探索了好几个小时，靠着金属钩环和梯子垂降到地面。他们后来还兴高采烈地观察了某个树干上一只毛茸茸的捕鸟蛛——和我们家里那只宠物蜘蛛哈丽特长得一模一样。那天大家都过得非常愉快，尽管已经连续 4 天晚餐都只吃豆子跟白饭了，但孩子们一点也不在意。

如我所料，我的孩子很能适应爬树的生活，但他们长大后会像妈妈一样成为科学家吗？如果现在问他们，他们一定会大声说“会”，但是多年以后，这些幼年时的梦想可能就会变质了。

我们决定夜探森林，因为雨林里面有许多昆虫，尤其是食叶的食植昆虫，几乎都是夜间比较活跃。我在澳大利亚雨林里工作的那段日子，没有一个晚上是安静的，萌发新叶的时候，森林里都是竹节虫和甲虫大嚼叶片的声音。伯利兹的森林也会是这样吗？我们戴上头灯、踩着湿掉的球鞋准备一探究竟。来到伯利兹的第一天，我们的东西不是因为大雨，就是因为极度潮湿的空气，全都变得湿答答的（也因为湿气太重，我

---

[1] 学名 *Sebastiana sp.*，大戟科。

连续 10 天都没办法在笔记本上写出字来，后来我再次拜访蓝溪时，就特地带了防水的笔记本）。

沿着步道走了大概几百英尺后，詹姆斯发现一个闪闪发光的蜘蛛网好像在晃动。因为那一晚没什么风，所以我们就很好奇蜘蛛网晃动的原因。是蜘蛛在打架，还是蜘蛛正在和巨大的猎物缠斗呢？我们全都上前仔细观察着。

圆形的蜘蛛网结构完整、非常漂亮，还有一条长长的蜘蛛丝拉住中心点。正当我们还在研究蜘蛛网时，那条蜘蛛丝突然断了，把整张网像橡皮筋一样向外弹了出去，我们吓得往后跳，两个孩子更是异口同声地大喊："弹弓蜘蛛！" 那个晚上，一个新物种诞生了（我们猜想是这样吧）。原来蜘蛛会拉住中间那条丝线，趁毫无防备的猎物飞过时放开。附近也有好几只弹弓蜘蛛，所以我小心地抓了一只放在样品瓶里，回去的时候再送去史密森学会鉴定品种。从传统的蛛网猎捕机制来看，此法真是太新奇了！

回到营地后，我们发现有一大群行军蚁在周围集结，还好我们的小屋是架空的。这些行军蚁沿着一条路线，疯狂地踩在彼此身上，似乎有种特别的蚂蚁荷尔蒙形塑出这条道路，而除了最前端的蚂蚁，其他蚂蚁似乎并不知道要往哪里去。

我们回到床铺上，埃迪发现他头上的木椽有团奇怪的黑影，原来是有只狼蛛跑到小木屋的天花板上躲雨。我们不可能让埃迪就这样和头上的狼蛛一起睡，所以我拿扫把，轻轻地把狼蛛弄到地板上，然后护送它到前门，让它至少可以在外面的走廊上躲雨。

直到驻营的最后一天，孩子们共历经了14场雨林大雨，我们也准备要回家了。我的孩子们虽然全身脏兮兮的，但都很高兴自己可以待在这么原始的森林里，和森林里的住民分享大自然。只可惜，有许多孩子终其一生都没有机会在热带地区接受泥巴的洗礼，或是体验丛林里的冒险。如果现今雨林破坏的程度继续加深的话，这些难能可贵的机会也终将消失殆尽。

接下来一个月，我又重回蓝溪，开始在我们的绿色实验室直播杰森计划的节目。通往蓝溪的林地步道旁，有一辆超大的电子数据系统卡车，上面装载了一个直径15英尺的卫星天线。一群玛雅人围在一个大屏幕旁观看奥运。三条缆线交缠在一起，绵延半英里连接到营地，警卫们则谨慎地看管用具。

营地里面乱哄哄的，新旧设备全都混在一起，装着计算机和音响设备的金属大箱子，全摆在雨林树下的防水布上，赤脚的玛雅人把背物带绕过额前，安静地把设备拖进森林，我们的科学行程似乎是排到无足轻重的第三或第四位了。然而树冠步道看起来非常迷人，我已经迫不及待地想登上平台，逃离地面上的纷扰了。

扎营的第一天，一位贵宾来到我们的营地。爱丁堡公爵[1]搭直升机来看杰森教育计划的运作，顺道体验他人生的第一堂树冠生物学课。中午时分，一群保镖大步迈入营地，护送着一位瘦削的男子入内，他打扮休闲，身穿有白扣子的淡蓝色狩猎衬衫。每个人都被引见了，有个杰森教育计划的工作人员，还因想擅自拍照而差点被保镖动粗。

菲利普亲王非常迷人，也对我们的树冠绿色实验室非常感兴趣。虽然出于安全考虑他没有机会体验攀树，不过我还是向他介绍了巨大树屋的各个位置，也大致说明了我们目前的研究计划。他灵巧地走在森林步道上，游刃有余地穿梭在碎石和湿滑的泥土之间。午餐时我坐在他的右边，罗伯特·巴拉德则坐在他的左边（那一刻真的很难想象 5 年前的我，还在澳大利亚的内陆生活，还在厨房里洗盘子，收拾乐高玩具）。公爵和科学团队讨论了很多议题，显然他对地球人口过剩和热带雨林的保育深感忧虑。他很亲切地与我合照，好让我把照片送给我的孩子。用完午餐后，他就搭直升机离开了。为了减少下沉气流造成的落叶，直升机的飞行高度一直维持在树冠上层附近。

这次的皇家拜访非常成功，现在大家也可以继续把焦点放在卫星转播的科学节目上了。我跳入蓝溪，在溪流里随波逐流，小鱼轻咬我的四肢。我在思索着田野生物学的同时，还看

[1] 即菲利普亲王，英国女王伊丽莎白二世的丈夫。

到一只蜂鸟窜飞回小木屋外的鸟巢里，一个月前我的孩子埃迪、詹姆斯和我还在那间小屋待过呢。

在我们最后一次彩排的前一晚，下了场豪雨，我们赶紧营救摄影机和显微镜，及时盖住这些精密脆弱的设备。

杰森教育计划的工作人员全都很有才：卡尔（Carl）是助理制作人；戈迪（Gordie）人高马大又爱搞笑，常常拿着摄影机尾随罗伯特；鲍伯（Bob）是我的专属摄影师，因为他跟我差不多高；莎莉（Shari）和迈克尔（Michael）这两位是最近才刚订婚的制作人；杰克森（Jackson）身手非常矫健（他不仅要架设拍摄的机器，还总是在平台上爬上爬下的）；汤姆·米勒（Tom Miller）是洞穴地质学家，还有他的助理、从英国来的约翰（John）；乔治（Jorge）负责和蓝溪居民的沟通协调；还有一群学生和老师担任我们的研究助理；当然还有罗伯特·巴拉德。

大概一共有 40 个人，在伯利兹偏远的雨林里一起参与这次的杰森计划。晚餐后，我们和一群玛雅人观看在电子数据系统的大屏幕上播放的奥运节目。回到我的帐篷后，我发现床铺全湿透了，虽然铺有防水布，但稍早的暴雨还是渗进来了。

我们的第一次直播预定在 2 月 28 日星期一早上 9 点，凌晨 3 点多我被外头不寻常的风声吵醒了，我从没在村子里听过这种树叶的沙沙声。这该不会是坏天气的预兆吧？那天，我们匆匆吃完早餐（没错，又是豆子配饭），便开始做准备。卡尔在打开主要平台的电视屏幕时居然触电了，还好我们很快找到短路的地方，原来是一条穿越溪水的电缆出了状况，技术人员也及时抢修了。后来稍微放晴了，不过天气状况还是不尽如人意。

所有的“演员”都戴上耳机，和在远方的工作室联机，这样我才能听到倒数，直播就这样开始了。罗伯特·巴拉德一边对着镜头微笑着说“嗨，我是罗伯特·巴拉德……”，一边欣喜地穿越长长的步道，走向我的研究平台。直播非常刺激，也非常顺利。参与杰森教育计划的学生都非常棒，我还乘坐吊椅，介绍了树冠层的垂直分层，整个过程非常令人兴奋。

给科学家的休息时间往往是虚设的，所以下午 4 点一到，我很高兴终于可以跳到溪里好好地畅游一番了。一台摄影机摆在面前，还要在树冠步道上爬上爬下，已经足以热得让人全身黏腻，更不用说我们是在 90 华氏度（32 摄氏度）、湿气很重的环境下完成任务的。

在进行隔天的直播前，我们已经解决了几个技术问题（bug）（这可不是双关语）。早餐时厨师准备了我最爱的肉桂面包，在杰森教育计划直播期间，我们都吃得很好，1 月的时候我们每天都吃豆子配饭，现在的我们可以说是在丛林里吃大餐。食物里还是有煮得太老的鸡肉和一成不变的豆子跟米饭，但是其中也不乏进口的美食，像是苹果派，以飨自纽约远道而来的摄影团队。他们甚至还带来一大块冰块，拿来冰镇伯利兹的啤酒。

3 月 4 日，我在节目中祝我母亲生日快乐。从我 1979 年的同一天第一次爬树至今，树冠研究也取得了许多进展。制作团队的每个人都非常棒，在直播的空档，我们就坐在树冠平台上，畅聊彼此的故事和人生观。奇怪的是，跟那些在家乡的朋友比起来，我更能深入了解这些新朋友。似乎在这种偏远的地方，人们更容易坦诚相见。

我这次计划的助理科学家是内森（内特）· 欧文（Nathan [Nate] Erwin），他是史密森学会昆虫动物园的执行长。我们从 12 岁开始就是朋友了，当时我在夏令营教他制作捕虫网。对于他担任美国首屈一指的昆虫展览会的负责人，我也深感骄傲。在杰森教育计划进行直播时，内森在树冠层收集昆虫，我则负责测量食植情况和其他交互作用。

学生们非常喜欢在树冠层里做昆虫采样时所使用的工具。我们准备了一个传统的昆虫网，在捕捉飞虫时非常有效率。我们也利用 3 英尺见方的布质捕虫盘，精准地接起从树枝上被摇下来的昆虫。如果是要捕捉停留在树叶上的昆虫，用捕虫盘最有效率。而最有创意的捕虫工具，可能就是吸虫器了（使用时还会发出噗噗噗的放屁声）。吸虫器就是一个封盖的样品瓶，连接着两根管子，让使用者可以把昆虫吸进样品瓶里。它的设计非常聪明，放入采样者口中的吸管与样品瓶之间有个细网，所以不会一不小心把昆虫吸进嘴里。除此之外，我们也使用以纱网构成的马氏网陷阱[1]，诱使昆虫进得去但出不来。比起只用一种方法采样，利用各式各样的采样工具，可以更准确地预估一地的生态多样性。

在一次直播里，我测量了羽叶棕榈[2]的叶面积，这种树也被称作罩丸榈树，因为它的果实总是以特殊的下垂方式成对地挂在树上。其中有片树叶的面积居然高达 6.1 平方米，是我采样的叶子中最大的。在另外一次的直播时，爱丁堡公爵从百慕大通过卫星电信，再次“拜访”我们。在他远程操控摄影机的同时，我则替捕捉到的画面做讲解。我们在树冠层里架设了一台远程摄影机，摄影机可以在轨道上移动，同时把画面传回营地，只要连接上卫星，画面也可以传到北美洲任何一个营地。

每天 6 小时的直播节目都会有个主题，涵盖我们研究用的工具、各种科学假设，还有研究的延续性（借此能传给下一代一些想法）。

直播 5 天后，“明星们”（参与直播节目的人的昵称）受邀到城市里住一晚。虽然我已经习惯帐篷老是漏水，但一想到热水澡、抽水马桶，还有床铺，我也忍不住答应了。从地图上看，营地到蓬塔戈尔达只有 20 英里路，但因为泥土路路况崎岖，所以我们坐了近 1 小时的车。睡在有空调的房间里，我突

[1] Malaise trap，一种类似帐幕的诱集工具。

[2] 学名 *Orbignya cohune*，棕榈科。

然觉得空调的白噪音实在太好听了，平常睡在营地帐篷里，晚上都是摄影团队调整及修理器材的噪声。不过我要声明的是，在蛮荒丛林里架设摄影棚可是非常艰巨的挑战。我也学了很多新的语词：L-cut[1]、旁白、IFB[2]、镜头推前（roll-in）、空拍镜头（canopy cam）、麦克风杆（boom）等等。

伯利兹的树冠步道对科学家来说是美梦成真，我们有 5 个平台，高度从 75 英尺到可以观察到乌鸦巢的 125 英尺的都有。平台之间有连接用的沟通桥和梯子。可以观察到的树种有硬木常绿的子弹树，也有落叶树种火焰树。我们这里还可以观察到蚁巢、附生植物、神奇的螽斯、蝎子、狼蛛以及许多不明飞行物。

因为我的学生曾问我睡在树冠层是什么感觉，所以有一天晚上我决定亲身体验。那感觉非常奇妙，我在黑暗中被升到平台上，体会了何谓昆虫交响曲。

阿尔戈们[3]（学生助理）参与了我们的研究，研究营地里也有很多老师。我和明尼苏达来的杰森计划教师 D. C. 兰德尔（D. C. Randle）因为这个计划，成了一辈子的朋友。从他与学生融洽的相处中可以得知，他是一位相当杰出的老师；对非洲

---

[1] 即 low cut，中文名叫低频滤波器，用于把声音中的低频给过滤掉，减少低频的杂音。

[2] 和某一方使用对讲机通话时，可以被第三方打断。

[3] 这里是引用了希腊神话《伊阿宋与阿尔戈英雄》（*Jason and the Argonauts*）。

裔美国学生来说，更是一位非常棒的导师。他常开我玩笑，说我从不在直播的时候提羽叶棕榈的当地俗称（就是之前提到的睾丸棕榈）。他在蓝溪待了一个星期，就回明尼苏达了，回去后他还“哄骗”他的学生问我（数十万个人在听直播）：“罗曼博士，请问羽叶棕榈的另一个名字是什么？”我不得不回答，结果学生全部笑翻了！

有一晚，洞穴地质学家汤姆·米勒邀请我们一群在地面的工作者到他的洞穴参观。汤姆已经在伯利兹测绘和探索洞穴超过 10 年了。我们戴上工程帽与头灯，虔诚地走进另外一个截然不同的世界。洞穴里有些水池和陡梯，不过还挺好走的。因为天气又湿又热，所以我在一个水池旁先停下来休息，要其他人继续往前走。没想到他们才转了个弯，我整个人就瞬间笼罩在黑暗里了。洞穴里不仅漆黑一片，还非常安静。能够这样待在一个完全无声无光的地方，感觉真的很棒！我突然听见一个微弱的窸窣声，赶紧把头灯打开，看到一只白化的鞭蝎。一个人安静地坐在这里还是有收获的，因为这个小家伙就是我们想要看到的生物。鞭蝎的旁边有一株瓜栗种苗，这颗大果实一定是误滚到洞穴里的，便在岩石间发了芽，这株种苗也是白化植物，没有任何绿色组织。虽然在这个洞穴里它的未来一片黑暗，毫无希望，但我还是很佩服它的韧性。

在杰森教育计划的最后一晚，摄影团队送给大家一份礼物：一堆大家出糗的片花，还配上了摇滚乐。后来派对演变成了丛林迪斯科。我和罗伯特·巴拉德就像骄傲的父母一样，跳了第一支探戈。派对一直进行到凌晨。虽然营地里有高级的音响设备，但我还是偶尔抬起头，仰望那些有满天繁星做背景的原始参天巨树，对于自己能身处热带雨林而满怀感激。

能和一群这么有才华的人共同分享我生命中的一段历程，是非常特别的体验。非科学家的人们认识了雨林的同时，我们这些科学家则学到了摄影器材和电子设备的相关知识。除此之外，我们更通过完美的团队合作，和成千上万个学生一起探索雨林，这一切之所以能成真，全都得感谢杰森教育计划令人赞赏的技术。

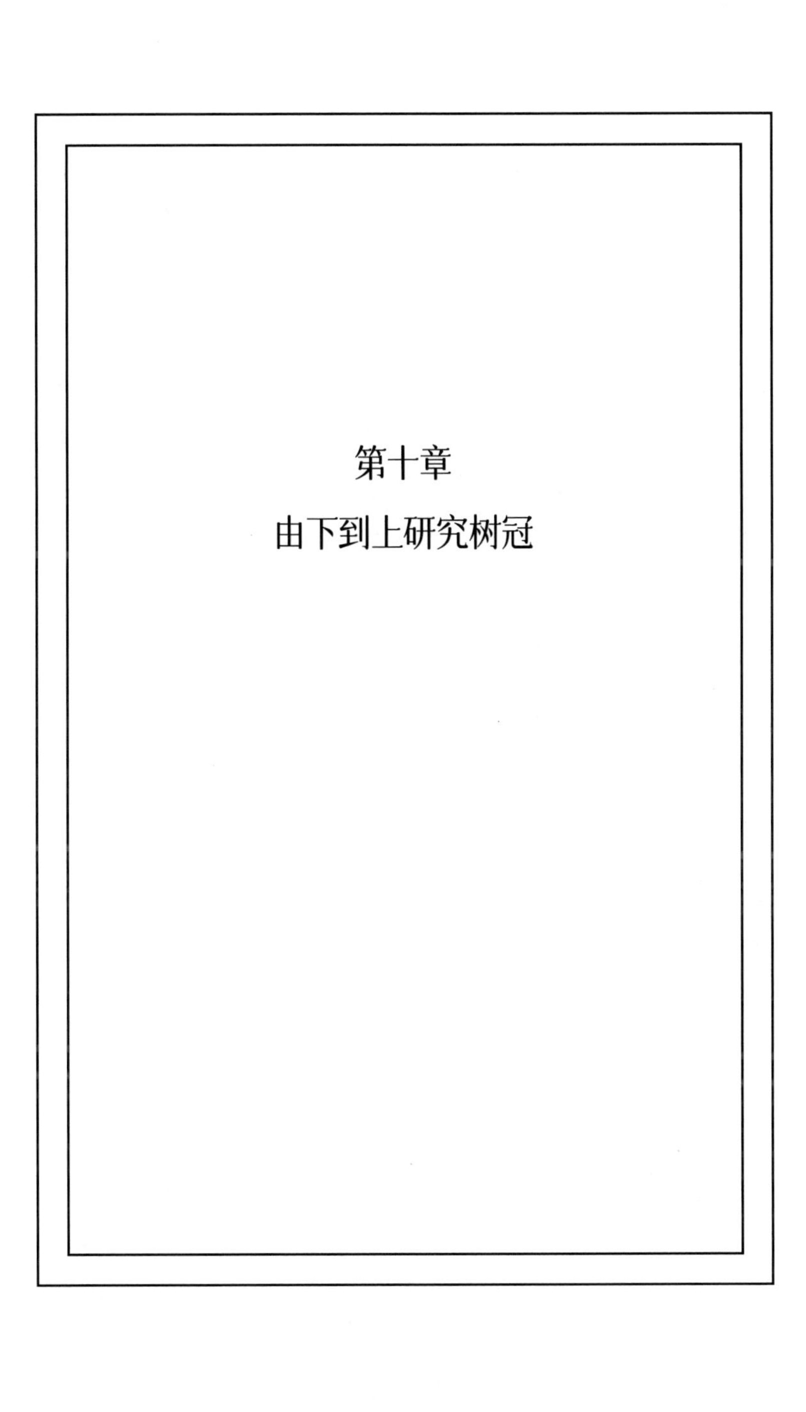

第十章

由下到上研究树冠

一个画廊挂满再多名画，不懂画作历史的人也很快就会觉得单调；在硕大的博物馆里，对展览主题熟悉的人，逛起来兴致勃勃，而只想看热闹的人，很快就会觉得厌烦。唯有不断充实知识，继续发掘它深藏的秘密，我们才能体会森林的美。

——亚历山大·斯库奇著，

《哥斯达黎加的博物学家》（*A Naturalist in Costa Rica*, 1971）

从一开始地面上的观察，到使用先进的科技，再回过头拿起最原始的工具，我的树冠研究生涯有了完整的循环。1995年5月，我着手设计一系列精彩的树冠研究，但主要的树冠探索工具竟是一副双筒望远镜！

因为罗宾·福斯特和我对热带树种都非常感兴趣，所以我们决定到巴罗科罗拉多岛研究那里的树冠层，50公顷永久样区吸引了世界各地慕名而来的生物学家。1993年，我们曾到巴罗科罗拉多岛参观，这个计划就是那时候萌发的。讽刺的是，尽管这个样区的树种已被大量研究，但从来没有人想过要探索树株2米以上的各种生态现象。有鉴于我专门研究附生植物和树冠生物学、罗宾对物候学的兴趣以及他对这个样区的了解，我们两个被推选出来研究样区里面所有大树的树冠。

巴罗科罗拉多岛上的50公顷永久样区（这就是它的名字）给了生物学家们一个难得的机会，让他们携手合作，在热带雨林里面做研究。这个样区代表的就是一个庞大的数据库，我在许多偏远地区独自做了好多年的研究，很高兴可以看到如此丰富的样区，让科学家从各种角度收集植物动态的信息、探索植物的生命历史。

该样区位处巴拿马加通湖中间一座1500亩的小岛上。这座小岛是1911年至1914年间建造巴拿马运河时出现的。[1]样区的林相是半常绿、季节性的森林（根据霍尔德里奇生命带分类系统，此为热带潮湿森林），每年的降雨量约2500毫升。12月到4月为旱季，这段时间许多（但不是全部）树株都会长新叶、开花结果。

20世纪70年代晚期，罗宾·福斯特和史蒂芬·哈贝尔（Stephen Hubbell）决定研究热带树种的动态结构，通过对树木种群随时间变化的稳定性进行观察，以期解释热带雨林物种丰富度的动态变化。为了进行田野研究，他们测绘、记录了超过25万棵树株，以及直径超过1厘米的所有树苗。样区里每一个茎干都被标记、测量、辨识、测绘。样本数量非常多，要记录的信息量非常庞大。在田野里、计算机前耗费的时间更是不在话下。最后一次测绘时罗宾指出，样区里大约有300种树种。在这个样区所建立起来的数据库，不仅改变了我们对热带森林的看法，也让长期研究成了最有效的科研方法。

---

[1] 打造人工湖淹没大部分土地的同时，小岛也诞生了。

踏上这块土地让我感到自豪，因为它的功能和约瑟夫·康奈尔的样区，还有我在澳大利亚的样区一样。乔的样区完成测绘后的20年，罗宾的样区才出现。但是罗宾的样区比较大、空间分布比较平均，样区的设计也可以在其他热带雨林再现。

很难想象在这块50公顷的森林里，光是测绘、做记号和辨识所有的树种就得花上多少时间。但罗宾也只是谦虚地和我们分享了他和助理测绘时发生的各种趣事。样区里最常见的灌木——鼠鞭草[1]数量就高达25万株。如今这个庞大的数据库，更促成了许多生态研究，探讨热带树种的竞争、病原体、生长、衰亡、物候，还有生殖等。

我们的树冠研究只需要一副望远镜、一本笔记本和一支笔，当然还要对藤蔓、树冠健康度以及附生植物足够敏锐。强壮的脖子更是加分项。身为一位树冠专家，要我站在地面上，把我观察到的所有东西全都记录下来，对我来说也是一个崭新的挑战。就像早期那些探索雨林的博物学家一样，我也因为自己是陆生生物而感到挫败，我们没办法轻松地爬到树冠层里，观察各种生命现象。我感觉自己就像是拓荒的探险家，在地面观察树冠，猜想（有时候会猜错）头顶上的生态到底有多复杂。

这样让我想到德国探险家亚历山大·冯·洪堡（Alexander

[1] 学名 *Hybanthus sp.*，堇菜科。

von Humboldt）德曾经描述过的。100 多年前洪堡德探索委内瑞拉的雨林，尽管他的兴奋之情难耐，却也只能用落叶和花朵来形容树冠层的植被："多么惊人的树啊！ 50 至 60 英尺高的椰子树；红蝴蝶[1]有着 1 英尺高的花簇，上面开着鲜亮的红花；野生蕉以及长着巨大的叶子、闻得到花香的群树，叶子和手掌一样大，但是我们却对它一无所知……我们像疯了一样跑来跑去。在森林的头 3 天，我们什么物种都没有辨识出来；我们捡起一个东西，只是为了丢掉它，然后再发现另外一个。"

利用望远镜研究树冠层，罗宾和我基本上就是在森林里面悠闲自在地散步散了一星期。观察的第 3 天下起了毛毛雨，我们两个在雨中坐了 2 个小时，又湿又冷，但是我们也看见树冠层如何被雾气笼罩，树冠层里的宝物也从我们的望远镜中倏忽而逝。在地面工作真的是要看老天爷的心情！下雨的话完全没办法使用望远镜，因为水滴会汇集在镜片上。我们坐在湿答答的木头上等雨停。我好像不小心惹火了恙螨，我回到温带地区后，脚上出现的一堆咬痕，好几个星期后才消退。

在适应了一开始的脖子僵硬以后，我们发展出一套流程：走路、检查样本编号、抬头看、绕圈子、再抬头看、比较观

[1] 学名 *Poinchiana pulcherrima*，豆科。

望远镜是收集树冠层数据最简易的工具，但有时候不太适用，譬如昆虫考察，不过我们在巴拿马巴罗科罗拉多岛辨识附生植物时，望远镜就派上用场了。罗宾·福斯特和我在观察一棵巨大的木棉树（*Ceiba perntandra*）时，看得脖子都快僵了。摄影：玛格丽特·罗曼

察、问问题、对陌生附生植物进行形态物种判断、发现罗宾没记录到的死掉树株时倒抽一口气、寻找奇怪失踪的树干、继续前往下一棵树、重复之前动作、赞叹每一个样本都好独特。

有些观察真的吓到我们了，在这个大家熟悉的样区里，有超过一半的大树树冠都受到压迫，不是被藤蔓缠绕、遭狂风暴雨破坏了树体结构，就是被旁边的树种遮盖住了。换句话说，胸高圆周长愈大的母树，愈能有效地繁衍下一代的这个生物假设是错误的。如果没有健康的树冠，再健壮的树株也没办法生产足够的种子、没办法长出足够的新叶，自然也无法继续茁壮成长。

培养在森林里面边走边观察的习惯，大概是田野生物学家最重要的能力了。我们在巴罗科罗拉多岛那几天观察得到的结论，可能会促进未来的相关研究。譬如银叶蓬莱蕉[1]是很常见的附生植物，罗宾没留下太多相关的研究或是记录，但是我们观察发现，不论是幼年期还是成年期的树株上，都可以见到这种附生植物。

10 公顷的样区里最常见的附生植物是什么？我们或许对这里的树群和灌丛相当了解，但是却对附生在上面的植物一无所知。有些附生植物比较罕见，而且分布的位置比较散，有些

[1] 学名 *Monstera Dubia*，天南星科。

附生植物的分布则非常均匀。蜡唇兰[1]总是生长在树冠中层的树干上；罗蔓藤蕨[2]的蕨叶围绕着板根生长，几乎快要接近地面；许多腋唇兰和肋柄兰[3]长在树冠的最顶端，几乎不太能观察得到，只能依稀看到轮廓；大型的火鹤花[4]则喜欢长在阳光直射不到的树干中间。

我们安静地在森林里边走边观察，也有很多不一样的收获，曾看到一群蜘蛛猴在我们头顶的树冠里嬉闹，也曾发现狐鼬一家子在树林间徘徊。只有安静下来，学着和森林里的居民共享大自然，森林里的野生动物才会出现。

这个样区里有超过 300 多种树，要我们的眼睛真的观察到每个细节是不可能的。身为一位植物学家，处在错综复杂的绿色世界里，当成功辨识出某个“熟悉的样貌”时，我会感到特别宽心。*Hybanthus prunifolius*（堇菜科）是森林下层最常见的灌丛，非常容易辨识。相较之下，在这 50 公顷的样区里，有 21 种植物只有一个样本。

最常见的树冠层树种 *Trichilia tuberculata*（楝科）占了树冠层数量的 20%（每 8 棵树就有 1 棵）。虽然它的数量最多，许多学生以及科学家也从各种角度研究过它的生态，但还是没

[1] 学名 *Aspasia*，兰科。

[2] 学名 *Lomriopsis*，罗蔓藤蕨科。

[3] 学名 *Maxillaria* 和 *Pleurothallis*，两者都是兰科。

[4] 学名 *Anthurium*，天南星科。

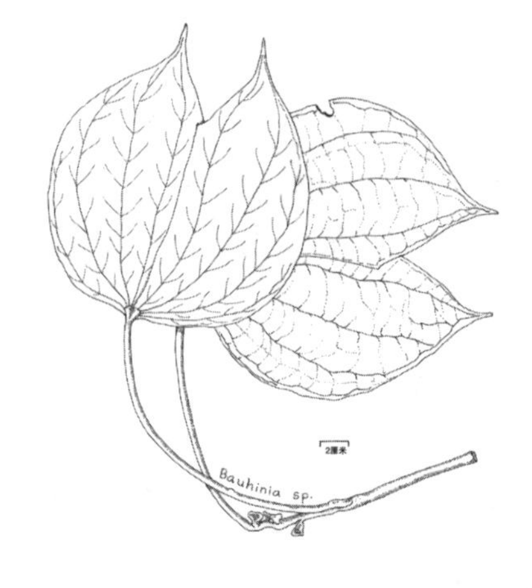

洋紫荆这种植物在中美洲以及南美洲，和藤蔓、灌丛、树株一起生长。一位秘鲁的村落巫师告诉我，这种植物同时被拿来提高和降低生育能力。所以，请小心服用、注意分量！绘图：芭芭拉·哈里森

有人知道它是怎么办到的。哎呀，或许下个世纪它就不是森林里最常见的树种了！

我常常在新热带地区观察到洋紫荆[1]，这种植物经常出现在藤蔓、灌丛、树株的栖息地。不管是在地面上还是树冠层里，很容易就发现它特殊的蹄状叶片。一位秘鲁的巫师曾经告诉我，他的村庄会使用一种洋紫荆制的特殊药汁来避孕，但是多喝一口反而可以提高生育能力，这种植物的化学成分肯定很惊人！很显然，这种生物不但有文化上的重要性，对热带的生态系统来说一定也相当重要。

罗宾·福斯特已经在这一带研究数载，和这样的生物学

---

[1] 学名 *Bauhinia sp.*，豆科。

家一起走在森林里，是非常难能可贵的经历。在如此纷繁的热带森林里，有好多东西可以观察、有好多东西可以学习，光是认识皮毛就得花上好多年，但是罗宾于1967年就已经来到这块土地了。他轻拍那些罕见的树，谈论好多年以前就倒下的树，回忆过去不寻常的虫害暴发，娓娓道来不同树种的开花模式。他最喜欢的是一株高大的吉贝木棉[1]，这棵树的直径超过20英尺，也是巴罗科罗拉多岛最常拍到的树。提到当初为了测量直径，还得冒险拿梯子爬上全是尖刺的板根，罗宾不禁大笑起来。

还有一种奇特的树 *Tachigalia versicolor*（豆科）叫作自杀树。罗宾发现这种树在成年期只会开花结果一次，然后随即衰亡，因此才会把它叫作自杀树。不仅如此，这种自杀的行为似乎有连带效应，同时间会有好多棵树产生这种剧烈的反应。现在如果有一株自杀树开花，科学家便可以预测它不久后一定会衰亡，树冠层里的同类也会一并消失。这不禁让人思考，为什么一棵树会演化出这样的衰亡机制？或许这种树把所有的能量都投注在一次性的开花结果上，自然没有力气再活下去。但是罗宾不赞成这种说法，因为这种树的种子大小和其他不会自杀的树种没什么两样。不过自杀树的花期的确比其他树种长，花蜜的分泌也特别多。很显然，有时候植物生产机制的权衡，从

[1] 学名 *Ceiba pentandra*，木棉科。

我们人类的角度来看并不明显。

或许这种机制还有其他重要的目的，譬如母树的衰亡可以给发芽的后代提供更多的物理空间。我们从观察中得知，自杀树的种子分布不会超过母树位置的方圆 100 米，或许为下一代提供最有利的生长空间是可能的解释之一。不过种苗在林荫底下也可以长得很好，似乎不需要引进阳光的林隙的帮助。也或许母树衰亡后，逐渐被侵蚀的土壤能给种苗提供其他生长的有利条件：母树腐烂后造成土壤条件的改变、根部生长的空间变多，或是有益菌根的出现。这些各式各样的想法，也只关系到这座森林里面好几百种树的其中一种而已。毋庸置疑的是，要解释热带树群复杂的生态模式还需要若干年的研究。

50 公顷样区已经维护好多年了，投注于其中的心血和努力也才开始要收获。就像我们在澳大利亚森林的长期研究一样，时间愈久，收集到的数据就愈珍贵。科学家之所以投身于这种规模大且复杂的田野工作，其中一个研究目标就是希望可以找出热带雨林里决定物种动态和物种替换（平衡）的动力。所谓的平衡可以看作是某样区中的树群是否有某种共同稳定性，或是树群状态的不平衡（也就是说该样区未来的树种较难预测）。

在他们 50 公顷的样区里，哈贝尔和福斯特也已经观察出动态平衡以及非平衡的动力。物种多样性可以以非平衡的动力来解释，连续的物种替换可以改变森林物种的多寡。不过远离同种树种，树苗的存活率会比较高，这也说明了具有密度依赖性的平衡机制，对森林的物种多样性有一定的影响力。不管平衡还是非平衡论的假设，都需要更长期的观察和数据收集，我们才有办法进一步了解热带森林的动态。

在巴罗科罗拉多岛以望远镜作为研究工具也让我有了一个新想法：我们必须把地面上观察到的和树冠层的实际做比较。我们也开始利用步道来看两者的异同。1996年，我和罗宾在法属圭亚那利用树冠筏，比较地面上观察到的藤蔓种类和用树冠筏考察到（更准确）的藤蔓种类。不出我们所料，地面上的观察完全低估了树冠层藤蔓的种类和数量。我们也计划在地面观察附生植物的数量和种类，然后再和树冠层的实际做对照。在树冠筏这种探索工具发明之前，许多过去的文献资料都是从地面观察搜集来的，因此利用我们的对照研究，便可以判断过去的数据有多全面（多准确）。不仅如此，我们也必须尽快发展更多树冠层观测的研究地点，只有耐心地累积多年的数据，我们才可以更有把握地验证那些在森林冠层的观察。

森林不断被破坏，未来子孙很有可能再也看不到这些美景了，在那之前，我们应该尽快开展长期的田野研究。

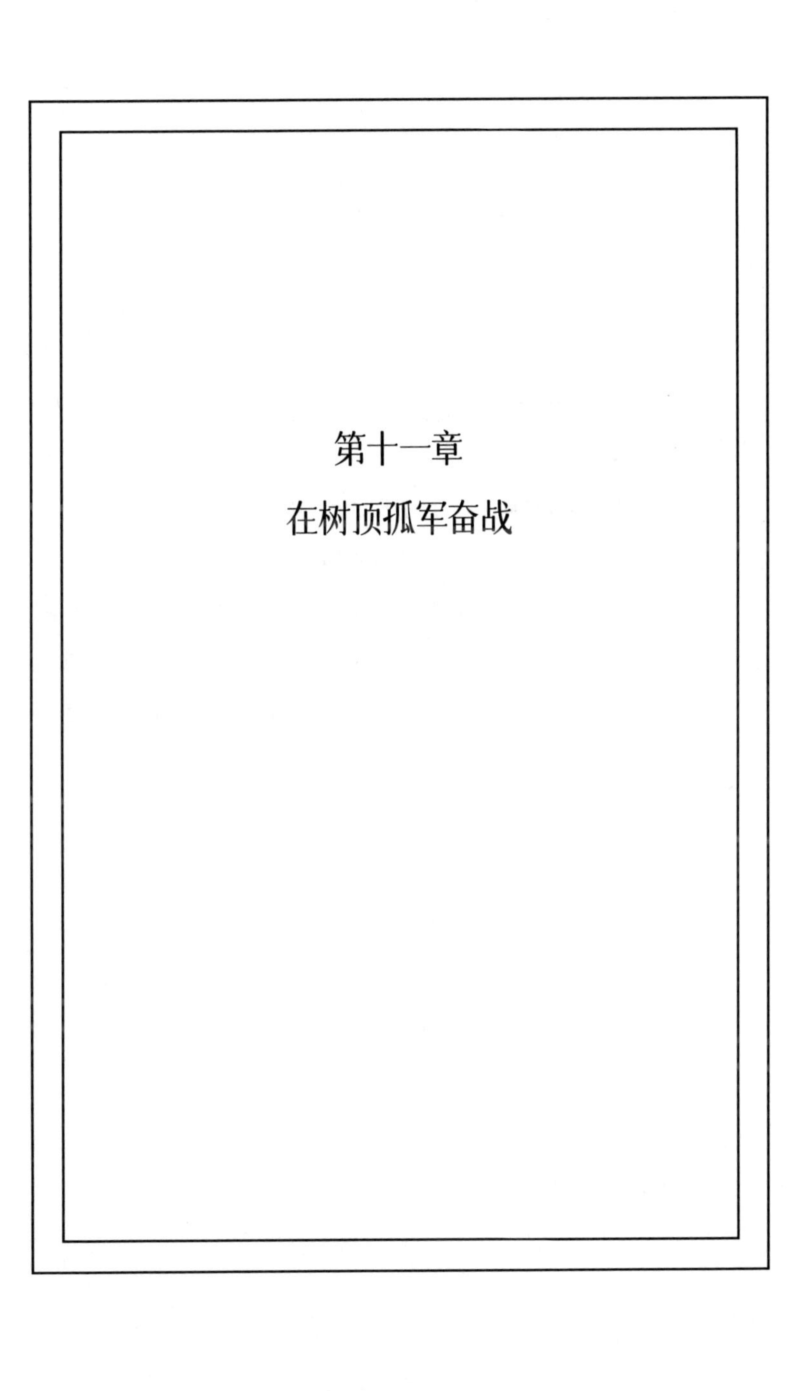

第十一章

在树顶孤军奋战

女人也想当探险家？身穿裙子去旅行？

这想法未免也太天真了。

就让她们待在家照顾孩子，修补坏掉的衣衫，

但她们绝对不可以、不应该，也不可能具有地理观念。

——《笨拙》杂志，1893 年 6 月（节录于珍 · 罗宾森 [Jane Robinson] 著的《女人不该做的事》[*Unsuitable for Ladies*, 1996]）

我在威廉姆斯学院教授“环境研究概论”这门课时，因为想要知道学生们的科学知识水平，以便设计更合适的课程，上课的第一天我就给110位同学发了一份问卷。其中一个问题（和我要撰写的“科学界的女性”教学相关）是要请他们列出三位重要的女性科学家。

很多学生的那道题都是空白的，不然就是写“不知道有谁”，有的人写了居里夫人或是瑞秋·卡森（Rachel Carson）[1]，少数几个聪明的学生（或许他们以后会成为政治人物吧！）则写了“罗曼博士”。我提供了这方面的相关教学资料，来年就以此为主题开课，学生们当然也都非常喜欢。

为什么我们在科学界中几乎看不到女性？特别是在田野生物学的植物学里，研究这门学问的女性更是寥寥无几呢？

树冠研究的发展突飞猛进，自从开始提笔写下这些章节，我已经在法属圭亚那的天空里搭过热气球，在澳大利亚和巴拿

[1] 美国海洋生物学家，其著作《寂静的春天》（*Silent Spring*）引发了美国，乃至全世界的环境保护事业。

马见证了最新的树冠起重机，在秘鲁的亚马孙河流域的世界最大的树冠步道工作过，又因为杰森第十计划，于1999年和一群师生及罗伯特·巴拉德重返秘鲁。这些经历代表了我人生中的众多篇章。我在秘鲁的树冠步道上，第一次观测到了附生植物上重要的食植行为；我也认识了我未来的丈夫（这些并没有按重要性的先后顺序撰写）。我的研究和家庭生活重新回到了原点。虽然事业的选择使我远离澳大利亚的家园，但我的人生却走向另一个新方向，让我对科学的热爱和对家庭的付出都得以兼顾。我的两个孩子在探究真相的环境下逐渐茁壮成长，并以他们自己独特的眼光认识大自然、认识这个世界。

回顾我生命中的这些历程，我发现科学和我的人生密不可分。如果我手中有根魔法棒，我会改变造就“今天的我”的那些事吗？绝对不会，但我可能会想要一两位女性导师，能给我支持和为我解惑。虽然回忆有好有坏，但我相信就是因为这样一路走来的磨炼和痛苦，让我更珍惜后来的美好和快乐。我以平常心接受身为科学家与身为人的顺境与逆境。

我常自问，我是从什么时候开始爱上科学的呢？毕竟我家没有人是科学家，身边也没有女性导师做榜样。我在研究所的时候，似乎也不曾质疑过为什么科学界没有很多杰出的女性科学家。如果我当时能有位女性导师的话，会更能在田野调查和我的家庭间游刃有余吗？我会经历比较少的挫折和失败吗？我认为答案是肯定的。

我相信自己身为科学家，其中一个责任就是在适切的时候，给予那些面对挑战的学生以鼓励、支持与建议。这些年来，我也和科学界里的一些女性，发展出很深厚的友谊。当然，我还是很尊敬我当初的（男性）导师，有问题也常常向他们请益。像是约翰·特罗特（John Trott）、彼得·阿什顿（Peter Ashton）、乔·康奈尔、哈尔·希特沃，多亏这些人的协助，我对田野生物学的热忱才有办法结出美丽的果实。

在田野中孤军奋战的数千个小时里，大自然给予了我智慧和力量，而这些礼物是我生命中的无价之宝。我常以榕树自勉，它们以独特的韧性和生长形态，在热带森林的树冠层巩固自己的位置，活出一片天地。它们从上而下的生长方式，也迥异于其他植物，这种植物给我上了珍贵的一课：选择较少人走的路还是有它的好处的。身为一个在田野生物学打拼的女人，我发现榕树的存在给了我许多慰藉。

下一步要怎么做呢？经过二十几年的爬树和在树顶孤军奋战，我还有办法在科学界开拓新领域吗？田野生物学的挑战可不小，不管是要了解生物多样性，还是把研究结果和管理、政策相结合，我们都才刚起步而已，而森林树冠层里面还有许多不为人知的秘密，等待我们去发掘。

或许最最重要的是，我们的研究数据必须要转译成浅显易懂的生活化语言，让选民、经济学家、政治人物，以及任何可以影响自然资源保育的人看得懂。我希冀我的孩子以后也能

榕树可说是我在雨林中最喜欢的树种，因为它们独特的生长方式让我很着迷。它们由上往下生长，先在树冠层巩固位置，提高生存的概率。它们环绕压迫并扼杀宿主树致其死亡后，更确保自己在森林树冠中的一席之地。榕树对许多生物，如鸟类、昆虫等来说，也是重要的食物来源。我自己觉得榕树总有一天会称霸整个雨林。绘图：芭芭拉・哈里森

够徜徉在山林间，我也知道科学家与大众沟通的能力，对森林保育来说极其重要。毕竟只有高瞻远瞩的森林管理政策，才有办法改变地球的未来。

树冠上的树叶都会历经生命的最后一个阶段：老去，或者称作落叶。我的树冠研究记录了每片树叶从树枝上掉落的月份，不仅如此，我也测量落叶在森林地面上腐烂的速率。从这个角度来看，我的树叶研究算是完整的，从出生一直到死亡全都涵盖到了。但是对生态学来说，落叶并不代表结束，它同时也是新生的开始，落在地上的树叶腐化分解后，重新进入泥土变成养分，再被根毛吸收，让树株持续茁壮生长。

就像一片慢慢老化的树叶，撰写自然研究日志的习惯也让我能够回顾、再一次消化我的过去。回顾过去二十几年来我记录的点点滴滴，我发现逐渐步入中年的这段日子，我的思想也有许多蜕变。想到其他不同职业的女性，我相信我们一定都有自己的生命故事可以分享。或许已经没有人臣服于那些传统、僵化的观念，或许我们都走上了这条曲折的路，一路上屡经艰难险阻。

虽然讽刺，但是身为女性科学家，在田野生物学中遭遇的种种挫败，无疑让我变得更坚强，也让我的信念更加坚定。或许在偏远的丛林里，就是这份力量陪我度过艰苦的田野工作，让我在这个向来只有男性主宰的学界中坚持下来。就像一片树叶，历经了生长、腐化、再生，我也在人生和事业的道路上，经过层层转变。

生命旅途走到这里，我也体悟了很多重要的道理。我发现抱怨和赞叹所花费的力气是一样的，但结果却截然不同。学习拥抱生命中的美好，而非一味抱怨，是我人生中最珍贵的教训。

附录 1

田野生物学家在雨林里的好帮手

一双好穿的鞋子

长裤、长袖（我在澳大利亚的时候，把裤子和帆布靴缝在一起，这样可以防水蛭）

雨衣

雨帽（戴着眼镜的人很需要）

手帕（擦额头上的汗、放大镜上面的污渍）

太阳镜（开车来回营地时戴）

水壶（每天晚上都要重新装满）

小型的折叠伞（可以遮住数据表）

手持放大镜

瑞士军刀

装补给品的轻便后背包

相机和底片

指南针

标尺

手电筒（晚间行动时需要）

望远镜

笔记本和铅笔

田野记录或是辨识特殊物种的田野图鉴

防水签字笔（用以标示植物种类）

通行许可证（在保护区采样或工作时需要申请）

地图、营地检查表

急救药箱

驱虫产品

厕纸

塑料袋

补充热量的东西（我最喜欢的就是奥利奥巧克力饼干）

防水布（午餐的时候可以拿来垫屁股，防尘土、牛蜱，还有喜欢吸在人私密处的水蛭）

附录 2

树冠研究地点分布表

美国	
1	亚利桑那州生物二区
2	佛罗里达州迈阿卡河州立公园
3	纽约州米尔布鲁克
4	马萨诸塞州威廉斯镇
5	戴维斯溪国家保育区
澳大利亚	
6	拉明顿国家保育区
7	新英格兰国家保育区
8	多里戈国家保育区
9	沃尔卡
10	凯拉山保育区
中南美洲	
11	巴拿马巴罗科罗拉多岛
12	伯利兹蓝溪
13	秘鲁
非洲	
14	喀麦隆

图书在版编目（CIP）数据

在树上：田野女生物学家的树冠探险 /（美）玛格丽特·罗曼著；林忆珊译 .—杭州：浙江大学出版社，2021.8

书名原文：life in the treetops: adventures of a woman in field biology

ISBN 978-7-308-21149-9

Ⅰ.①在… Ⅱ.①玛… ②林… Ⅲ.①雨林－热带植物－普及读物 Ⅳ.① Q948.31-49

中国版本图书馆 CIP 数据核字（2021）第 041092 号

在树上：田野女生物学家的树冠探险

［美］玛格丽特·罗曼　著　林忆珊　译

责任编辑　王志毅
文字编辑　焦巾原
责任校对　闻晓虹
装帧设计　宽　堂
插画创作　李　超
出版发行　浙江大学出版社
（杭州天目山路 148 号　邮政编码 310007）
（网址：http:// www.zjupress.com）
制　　作　北京大有艺彩图文设计有限公司
印　　刷　北京中科印刷有限公司
开　　本　880mm × 1230mm　1/32
印　　张　9
字　　数　164 千
版 印 次　2021 年 8 月第 1 版　2021 年 8 月第 1 次印刷
书　　号　ISBN 978-7-308-21149-9
定　　价　69.00 元

浙江大学出版社市场运营中心联系方式：(0571) 88925591；http://zjdxcbs.tmall.com

Life in the Treetops: Adventures of a Woman in Field Biology

by Margaret D. Lowman

《在树上：田野女生物学家的树冠探险》林忆珊 译，

本书中译本由时报文化出版企业股份有限公司委任安伯文化

事业有限公司代理授权

浙江省版权局著作权合同登记图字：11-2021-040 号